Entscheidungen

des Reichsgerichts

in Zivilsachen

Sammlung der noch wichtigen Entscheidungen nach Fachgebieten geordnet

Herausgegeben

von

Professor Dr. **Leonhard Auerbach**, Berlin; Präsident des Reichspatentamtes a. D. Dr. **Johannes Eylau**, München; Rechtsanwältin **Charlotte Graf**, Berlin; Ministerialdirektor z. Wv. Senatspräsident Dr. **Ernst Knoll**, Berlin; Rechtsanwalt **Erich Kummerow**, Berlin; Rechtsanwalt **Hermann Reuß**, Berlin; Rechtsanwalt Dr. **Walter Schmidt**, Düsseldorf; Landgerichtsdirektor **Alexander Swarzenski**, Berlin; Rechtsanwalt Dr. **Werner Vahldiek**, Berlin.

Gruppe II Verfahrensrecht

Gesamtregister

Berlin 1955

Walter de Gruyter & Co.

vormals G. J. Göschen'sche Verlagshandlung / J. Guttentag, Verlagsbuchhandlung
Georg Reimer / Karl J. Trübner / Veit & Comp.

Gesamtregister

zur Gruppe II

Verfahrensrecht

Bearbeitet

von

Erika Schimmelpfennig

Assessorin

Berlin 1955

Walter de Gruyter & Co.

vormals G. J. Göschen'sche Verlagshandlung / J. Guttentag, Verlagsbuchhandlung
Georg Reimer / Karl J. Trübner / Veit & Comp.

Archiv Nr. 28 17 55

Satz: Walter de Gruyter & Co., Berlin W 35
Druck: Berliner Buchdruckerei Union GmbH., Berlin SW 29

Inhaltsverzeichnis

Verzeichnis

der aufgenommenen Entscheidungen

Fette Ziffern bedeuten alte Entscheidungssammlung
Magere Ziffern bedeuten Auswahlsammlung

† Entscheidung ist gekürzt wiedergegeben
* Entscheidung enthält nur Leitsatz

ZPO	=	Zivilprozeßordnung
KO	=	Konkursordnung
ZVG	=	Zwangsversteigerungsgesetz
NebenG	=	Nebengesetze

Verzeichnis der aufgenommenen Entscheidungen

RGZ	Band	Seite
1, 431—435	ZPO 4	165
4, 431—432	ZPO 3	1
6, 85—86	NebenG	1
6, 351—353	ZPO 3	194
6, 354—356	ZPO 3	197
7, 341—343†	NebenG	370
7, 358—360†	ZPO 6	1
7, 371—374	ZPO 2	1
7, 383—389	ZPO 4	48
7, 404—405	ZPO 2	3
9, 337—343	ZPO 2	150
9, 375—380†	ZPO 3	261
10, 309—314	ZPO 1	228
10, 325—333	ZPO 1	31
10, 334—338	ZPO 1	32f
10, 342—344	ZPO 4	53
10, 345—347	ZPO 2	4
10, 397—400	ZPO 1	166
10, 410—411	ZPO 1	233
11, 364—365	NebenG	304
11, 384—387	ZPO 3	2
11, 435—437	NebenG	371
12, 42—45	KO	1
13, 151—153	KO	3
13, 315—319†	KO	491
13, 319—326†	NebenG	305
14, 21—22	KO	278
14, 172—179	KO	494
14, 387—390	ZPO 4	168
15, 62—65	NebenG	2
15, 393—396	ZPO 1	233
15, 402—404	NebenG	310
15, 412—413	ZPO 1	169
16, 366—367	ZPO 6	48
16, 413—417	NebenG	220
17, 328—332	KO	115
17, 391—392	ZPO 2	6
17, 392—403	ZPO 2	7
17, 425—427	ZPO 3	199
18, 418—423	ZPO 1	236
18, 435—436	ZPO 6	2
19, 416—423†	ZPO 1	1
20, 133—137	KO	300
20, 157—162†	NebenG	4
20, 180—182	NebenG	7
20, 365—375	ZPO 5	155
20, 375—378	ZPO 5	1
20, 396—398	ZPO 6	49
20, 403—407	ZPO 1	34
20, 408—409	ZPO 1	240
20, 423—425	ZPO 5	3
21, 377—380	ZPO 5	5
21, 382—388	ZPO 2	155
21, 404—405	ZPO 5	8
21, 420—437	ZPO 1	38
22, 153—155	KO	589
22, 169—171	ZPO 6	51
22, 389—391	KO	118
22, 421—424	ZPO 3	5
22, 425—428	ZPO 1	7
23, 9—19	NebenG	9
23, 43—48	KO	303
23, 396—399	ZPO 1	52
23, 399—412	ZPO 3	8
23, 432—436	ZPO 6	188
24, 273—277†	ZVG	270
24, 373—378	ZPO 1	10
25, 7—11	KO	562
25, 86—87	KO	120
25, 368—373	ZPO 5	9
25, 384—387	ZPO 1	54
25, 394—396	ZPO 1	57
25, 398—401	ZPO 2	161
25, 426—428	ZPO 5	13
26, 5—6	KO	121
26, 66—68†	KO	331
26, 74—80	KO	122
26, 81—85	KO	332
26, 110—117	KO	308
26, 380—383†	ZPO 1	59
26, 383—385	ZPO 1	128
26, 425—428	KO	5
26, 428—431	NebenG	312
27, 84—88	KO	279
27, 91—94	KO	501
27, 378—381	ZPO 6	192

RGZ	Band	Seite
27, 385—392	ZPO 1	60
28, 96—100	KO	591
28, 283—288	KO	7
28, 414—420	ZPO 3	285
28, 422—424	KO	11
28, 442—424*	ZPO 1	170
29, 29—33†	KO	13
29, 33—41	KO	594
29, 222—230	NebenG	223
29, 337—340	ZPO 5	14
29, 343—344	ZPO 3	200
29, 408—413	ZPO 1	135
29, 414—416	ZPO 1	65
30, 67—71	NebenG	17
30, 71—77	KO	128
30, 90—94	KO	132
30, 319—323	ZPO 6	53
30, 368—372	ZPO 6	195
30, 398—402	ZPO 1	202
31, 40—44	KO	597
31, 119—122	KO	421
31, 123—124	KO	136
31, 134—138	KO	283
31, 393—397	NebenG	314
31, 406—410	ZPO 1	241
31, 412—416	ZPO 6	4
31, 425—428	NebenG	317
32, 22—26	KO	138
32, 75—80	ZPO 4	55
32, 84—91	KO	566
32, 101—104	NebenG	21
32, 375—377	ZPO 3	201
32, 407—410	ZPO 2	163
32, 410—413	NebenG	320
32, 421—425	ZPO 6	56
33, 120—125	KO	141
33, 244—247†	NebenG	229
33, 359—361	ZPO 2	165
33, 375—376	NebenG	372
34, 356—358	ZPO 1	67
34, 409—412	KO	503
34, 426—427	NebenG	323
35, 270—273	ZPO 5	287
35, 341—342	ZPO 4	171
35, 349—351	ZPO 6	60
35, 361—362	NebenG	323
35, 379—381†	ZPO 6	7
35, 384—386	ZPO 4	172
35, 386—388	ZPO 5	17
35, 388—392	ZPO 3	203
35, 400—404	ZPO 3	207
35, 412—416†	ZPO 4	185
35, 418—419	ZPO 1	69
36, 4—13	KO	145
36, 20—24	KO	572
36, 30—35	NebenG	23
36, 93—96	KO	462
36, 113—116	NebenG	27
36, 161—167	KO	153
36, 347—349	ZPO 1	70
36, 362—364	ZPO 4	174
36, 367—369	KO	424
36, 378—381	ZPO 1	130
36, 390—392	ZPO 6	62
36, 409—415	NebenG	373
37, 386—389	KO	507
37, 398—400	KO	20
38, 6—10†	KO	158
38, 102—104	KO	161
38, 389—392	ZPO 3	19
38, 392—396	ZPO 6	198
38, 397—399	ZVG	274
38, 406—410	ZPO 4	188
38, 426—428	ZPO 1	152
38, 428—430	ZPO 5	18
39, 12—17	ZPO 2	167
39, 17—25	KO	601
39, 89—94	KO	163
39, 122—125	KO	166
39, 142—147	ZPO 3	22
39, 292—296	ZVG	91
39, 318—322	ZVG	194
39, 399—403	ZPO 6	64
39, 416—418	ZPO 2	16
39, 418—420	ZPO 6	8
39, 425—427	ZPO 1	72
40, 5—7	KO	287
40, 40—43	KO	169
40, 89—91	KO	172
40, 120—126†	KO	336
40, 202—204	NebenG	231
40, 331—332	ZPO 2	171
40, 380—382	NebenG	378
40, 395—398	ZVG	145
40, 401—406	ZPO 6	201
40, 408—410	ZPO 1	73
40, 421—422	ZPO 1	305
41, 41—43	KO	607
41, 87—93	NebenG	29
41, 133—135	KO	60
41, 317—321	ZVG	198
41, 321—325	ZVG	15
41, 355—358	ZPO 3	26
41, 377—378	ZPO 1	326
41, 396—399	ZPO 6	206
41, 399—400	ZPO 1	245
41, 400—402	ZPO 1	306
41, 412—414	ZPO 4	255
42, 35—39	KO	509
42, 276—280	ZVG	95

RGZ	Band	Seite
42, 352–355	ZPO 4	176
42, 361	ZPO 6	68
42, 362–365	ZPO 3	28
42, 365–367	ZPO 5	219
42, 382–384	ZPO 5	163
42, 406–408	ZPO 3	31
43, 244–248	ZVG	98
43, 399–402	ZPO 3	265
43, 405–407	ZPO 6	9
43, 407–409	ZPO 6	208
43, 418–422	ZPO 2	172
44, 92–95 †	NebenG	34
44, 374–377†	ZPO 1	246
44, 386–389	ZPO 1	75
44, 397–400	NebenG	324
44, 400–401	NebenG	327
44, 403–409	NebenG	380
44, 416–418	ZPO 1	308
44, 419–422	ZPO 1	327
45, 45–47	NebenG	36
45, 110–115	KO	174
45, 156–157	KO	372
45, 346–350	ZPO 6	68
45, 359–364	ZPO 2	112
45, 374–377	KO	22
45, 379–382	ZPO 2	176
46, 8–12	ZPO 3	32
46, 39–42	ZPO 2	179
46, 98–101	KO	339
46, 318–320†	ZPO 3	210
46, 323–327	ZPO 2	18
46, 334–339	ZPO 5	20
46, 347–351	ZPO 1	247
46, 354–356	ZPO 6	72
46, 368–372	ZPO 3	268
46, 385–387	ZPO 4	293
46, 391–393	ZPO 2	21
46, 397–399	ZPO 4	59
46, 410–415†	ZPO 3	211
46, 419–422	ZPO 6	210
47, 72–75	ZPO 4	295
47, 216–223	NebenG	38
47, 363–368	ZVG	337
47, 375–377	ZPO 1	14
47, 397–401	ZPO 2	23
47, 401–402	ZPO 6	212
47, 419–420	ZPO 5	24
47, 420–424	ZPO 4	61
48, 242–250†	ZPO 5	290
48, 398–401†	ZPO 6	11
48, 417–423	ZPO 1	154
49, 236–241†	ZVG	339
49, 253–257	ZVG	148
49, 338–340	ZPO 3	35
49, 340–345	ZPO 2	183
49, 347–348†	ZPO 5	26
49, 357–363	ZPO 5	165
49, 363–368	ZPO 2	187
49, 368–370	ZPO 6	74
49, 374–376	ZPO 4	257
49, 376–381	ZPO 2	191
49, 409–411	ZPO 6	213
49, 415–418	ZPO 6	12
49, 419–420	ZPO 2	181
49, 421–425	ZPO 1	78
49, 425–427	ZPO 3	215
50, 39–42	KO	465
50, 51–60	ZPO 4	259
50, 342–347	ZPO 6	76
50, 353–356	ZPO 3	217
50, 365–368	ZPO 5	27
50, 372–376	ZPO 5	30
50, 384–389	ZPO 3	290
50, 391–393	ZPO 3	271
50, 396–399	NebenG	233
50, 399–404	ZPO 3	37
50, 416–420	ZPO 3	41
50, 420–423	ZPO 3	279
51, 1–5	ZPO 1	291
51, 5–11	ZPO 1	250
51, 11–16	ZPO 1	255
51, 94–98	ZPO 2	116
51, 98–101†	ZPO 1	205
51, 135–139	ZPO 3	44
51, 175–177	ZPO 4	266
51, 186–191†	ZPO 5	170
51, 318–322	ZPO 5	307
51, 392–394	ZPO 6	215
51, 394–398	KO	342
51, 403–406*	KO	178
51, 406–408	ZPO 6	216
52, 27–28	ZPO 3	48
52, 49–54	KO	25
52, 136–138	ZPO 2	195
52, 138–141	ZPO 6	80
52, 155–157	KO	609
52, 223–224	ZPO 1	140
52, 233–236	ZPO 6	217
52, 312–314	ZPO 5	310
52, 334–344	NebenG	44
52, 367–368	ZPO 2	26
52, 427–429	ZPO 1	16
53, 15–19	ZPO 3	220
53, 40–43	ZPO 3	222
53, 181–183	ZPO 6	15
53, 212–214	ZPO 1	207
53, 234–236	KO	179
53, 263–265	ZVG	276
53, 315–319	ZPO 3	225
53, 359–363	ZPO 2	197

RGZ	Band	Seite
54, 1—3	ZPO 3	228
54, 37—41	ZPO 1	259
54, 48—49	ZPO 6	219
54, 49—52	ZPO 2	200
54, 94—98	ZPO 2	119
54, 162—165	ZPO 6	82
54, 207—208	ZPO 1	81
54, 289—297*	NebenG	51
54, 308—311	ZVG	151
54, 323—329	ZPO 3	231
54, 345—348	ZPO 6	84
54, 348—349	ZPO 6	87
54, 360—362	ZPO 3	236
55, 57—61	ZPO 6	17
55, 80—83	ZPO 1	18
55, 140—144	ZPO 6	88
55, 157—163	KO	513
55, 187—195	ZPO 5	33
55, 207—210	ZPO 5	39
55, 236—240	ZPO 1	170
55, 278—281	ZPO 3	49
55, 293—294	ZPO 2	202
55, 310—312	ZPO 3	51
55, 312—313	NebenG	384
55, 378—380	ZPO 5	174
55, 389—394†	ZPO 1	83
55, 423—426	ZPO 1	86
56, 31—36	ZPO 3	293
56, 79—81	ZPO 3	238
56, 138—142	ZPO 1	89
56, 145—149	ZPO 6	92
56, 184—186	ZPO 5	176
56, 245—249	KO	62
56, 362—366	KO	626
56, 388—391	ZVG	278
57, 12—16	ZPO 1	92
57, 27—30	NebenG	52
57, 42—46	ZPO 4	267
57, 195—200	KO	468
57, 200—205	ZVG	61
57, 223—224	ZPO 6	94
57, 285—288	ZPO 4	190
57, 301—310	NebenG	386
57, 323—326	ZPO 5	178
57, 350—353	NebenG	236
57, 381—388	ZPO 1	263
57, 400—402	ZPO 1	20
57, 416—418	ZPO 2	203
58, 8—10	ZPO 1	96
58, 12—21†	KO	472
58, 54	ZPO 3	53
58, 57—61	ZPO 2	205
58, 105—109†	KO	181
58, 109—112	ZPO 1	98
58, 141—147	KO	182
58, 160—162	ZPO 6	20
58, 166—169	KO	476
58, 236—243	ZPO 6	95
58, 259—261	ZPO 2	208
58, 307—315	ZPO 4	298
58, 369—376	KO	517
58, 414—419	ZPO 1	269
59, 53—58	KO	29
59, 85—87	ZPO 3	240
59, 87—92	ZVG	281
59, 128—132	ZPO 3	54
59, 234—236	ZPO 1	159
59, 247—252	ZPO 6	221
59, 266—277	ZVG	201
59, 346—350	ZPO 4	304
59, 355—360	ZPO 6	101
59, 367—374	KO	374
59, 409—410	ZPO 4	307
59, 410—413	ZPO 4	308
59, 413—414	ZPO 4	193
60, 48—56†	ZVG	154
60, 120—122	ZPO 6	22
60, 279—284	ZPO 5	296
60, 300—306	ZPO 1	100
60, 330—334	ZPO 5	181
60, 423—426*	NebenG	54
61, 20—23	ZPO 4	64
61, 89—91	ZPO 4	66
61, 150—153	NebenG	54
61, 217—220	KO	187
61, 241—242	ZPO 1	173
61, 259—268	KO	360
61, 286—292	ZPO 1	175
61, 330—333	ZPO 5	184
61, 359—366	ZPO 6	106
61, 405—409	ZPO 2	210
61, 423—430	ZPO 5	300
62, 15—18	ZPO 4	68
62, 24—25	ZPO 6	225
62, 46—49	KO	189
62, 62—66	ZPO 6	112
62, 188—190	ZPO 5	42
62, 207—210	ZPO 1	329
62, 351—353†	ZPO 6	46
63, 38—42	ZPO 6	115
63, 82—85	ZPO 2	27
63, 92—96	NebenG	57
63, 133—138	KO	426
63, 140—143*	ZPO 4	70
63, 190—195	ZVG	342
63, 214—219	ZPO 5	186
63, 330—332	ZPO 5	190
63, 364—367	KO	33
63, 413—416	ZPO 2	29
64, 44—47	ZPO 2	31

RGZ	Band	Seite
64, 67—73	ZPO 1	180
64, 228—231	ZPO 5	43
64, 308—315†	ZVG	210
64, 315—318	ZPO 3	297
64, 321—323	ZPO 1	185
64, 361—363	ZPO 4	71
64, 406—408	ZPO 3	282
64, 415—421	ZVG	285
64, 425—429	KO	380
64, 429—435	ZPO 3	273
65, 132—134	KO	383
65, 175—176	ZPO 6	226
65, 284—285	ZPO 4	72
65, 285—287	ZPO 1	310
65, 376—379	ZPO 5	45
65, 398—399	ZPO 2	213
65, 399—407†	ZPO 2	214
66, 178—181	ZPO 4	73
66, 181—186*	KO	35
66, 186—200†	ZPO 2	219
66, 240—246	ZPO 1	141
66, 277—278	ZPO 3	278
66, 305—306	ZPO 5	48
66, 323—326	ZPO 4	75
66, 326—330	KO	364
66, 330—332	ZPO 1	21
66, 391—395	ZVG	213
66, 399—402	ZPO 2	121
66, 396—398	ZPO 3	57
67, 20—22	KO	192
67, 71—75	ZPO 6	228
67, 159—166	ZPO 6	119
67, 343—345	ZPO 3	241
67, 365—372	ZPO 6	125
67, 372—378	KO	367
67, 380—383	ZVG	65
68, 66—67	ZPO 3	243
68, 70—74	NebenG	60
68, 150—155	KO	194
68, 163—166*	ZPO 2	222
68, 247—257	ZPO 3	299
68, 334—340†	ZPO 4	194
68, 374—378	KO	198
68, 402—406	ZPO 4	391
69, 44—50	NebenG	64
69, 59—64	NebenG	68
69, 85—94†	KO	36
69, 163—167	NebenG	72
69, 254—257	KO	201
69, 261—263*	ZPO 2	222
70, 25—28	ZPO 5	50
70, 158—160	ZPO 3	59
70, 179—189	ZPO 3	307
70, 193—198	ZVG	68
70, 198—199	ZPO 1	104
70, 278—283	ZPO 5	193
70, 291—296	ZPO 2	34
70, 399—405	ZVG	102
70, 411—416	ZVG	160
71, 38—41	KO	41
71, 89—91	KO	204
71, 131—133	ZPO 3	61
71, 155—162	ZPO 2	124
71, 179—183	ZPO 5	52
71, 309—312	ZPO 6	130
71, 321	NebenG	393
71, 353—354	NebenG	75
71, 404—414	ZVG	218
71, 418—421*	ZPO 5	196
72, 22—27	ZPO 5	56
72, 27—30	ZPO 6	132
72, 124—128	ZPO 5	60
72, 143—146	ZPO 2	222
72, 181—185†	ZPO 5	197
72, 344—346	ZVG	226
73, 145—146	KO	288
73, 194—197†	ZVG	192
73, 298—302	ZVG	229
73, 306—309	ZPO 2	225
73, 397—402	ZVG	1
74, 16—18	KO	206
74, 78—85	ZPO 5	198
74, 131—133*	ZPO 3	63
74, 224—231*	NebenG	76
74, 247—248*	ZPO 5	204
74, 249—250*	ZPO 6	135
74, 258—263	KO	430
74, 321—325†	ZPO 6	231
74, 365—367	ZPO 4	78
75, 24—26	ZPO 3	63
75, 138	ZVG	338
75, 153—158	KO	479
75, 179—182†	ZPO 6	135
75, 199—201†	ZPO 5	63
75, 286—295†	ZPO 2	228
75, 313—317	ZVG	164
75, 363—367	ZPO 2	129
75, 414—419	ZPO 1	106
76, 116—120	ZVG	19
76, 231—234	ZPO 5	204
76, 379—383	ZVG	232
76, 406—408	ZPO 5	65
76, 409—414	ZPO 6	23
77, 49—53	KO	208
77, 95—96	ZPO 4	271
77, 132—139	ZPO 3	65
77, 141—149	ZPO 2	229
77, 245—247*	ZPO 5	67
77, 315—317	ZPO 6	234
78, 71—78†	KO	314

RGZ	Band	Seite
78, 91—95	KO	65
78, 101—107*	ZPO 1	146
78, 186—190	KO	434
78, 256—258	ZPO 1	110
78, 316—322	NebenG	239
78, 377—379	ZPO 6	183
78, 389—393	ZPO 3	70
78, 398—410	ZPO 6	137
79, 24—27	KO	212
79, 27—31	KO	43
79, 81—85	ZPO 4	79
79, 129—133	KO	345
79, 165—169	ZPO 3	76
79, 209—212	KO	68
79, 216—219	ZPO 2	37
79, 241—246	ZPO 5	207
80, 1—9	NebenG	76
80, 37—41	KO	484
80, 172—175†	ZPO 3	80
80, 240—243	ZPO 4	199
80, 262—268*	ZPO 2	236
80, 350—351	ZVG	107
80, 407—416	KO	318
81, 144—146	KO	214
81, 193—200	ZPO 4	395
81, 288—291	ZPO 6	146
81, 321—324	ZPO 2	67
81, 424—428	KO	216
82, 39—47	NebenG	394
82, 227—232	ZPO 5	211
82, 422—427	ZPO 3	315
83, 81—87	ZPO 1	112
83, 87—93	ZVG	5
83, 109—116*	NebenG	328
83, 116—121†	ZPO 5	215
83, 206—214	KO	385
83, 299—302	ZPO 5	67
83, 330—332*	ZPO 6	185
83, 332—336	ZPO 5	221
83, 336—342	ZPO 5	69
83, 401—407*	KO	47
83, 414—423*	ZPO 2	39
84, 8—13	ZVG	236
84, 68—71	KO	488
84, 121—125	KO	47
84, 200—204	ZVG	290
84, 228—236	KO	523
84, 265—284†	ZVG	22
84, 286—293*	ZPO 1	186
84, 286—293*	ZPO 5	74
84, 370—378†	ZPO 2	236
84, 378—382	ZVG	108
85, 38—42	KO	348
85, 64—72	KO	530
85, 214—221†	KO	71
85, 316—320	ZVG	72
86, 15—17	ZPO 4	310
86, 139—142	ZPO 2	70
86, 181—184	ZPO 3	81
86, 229—232	ZPO 2	239
86, 235—241	ZPO 3	319
86, 247—251	KO	391
86, 255—261	ZVG	168
86, 294—296	ZPO 5	224
86, 357—364	ZVG	112
86, 365—366	NebenG	83
86, 377—384†	ZPO 3	84
86, 394—397	KO	536
87, 7—10†	ZPO 1	127
87, 151—155	KO	575
87, 183—187	ZPO 6	236
87, 190—196	ZPO 6	296
87, 267—271	ZPO 4	201
87, 271—273	ZPO 2	241
87, 321—327	ZPO 5	225
88, 129—134	ZPO 2	243
88, 216—218	NebenG	84
88, 223—227*	NebenG	289
88, 351—361	ZVG	76
89, 13—18†	ZPO 3	244
89, 42—46	ZPO 1	208
89, 117—120	ZPO 3	88
89, 147—152	ZVG	293
89, 336—338	ZPO 4	82
89, 426—433	ZVG	48
90, 42—47	ZPO 4	400
90, 69—73	KO	220
90, 82—86*	NebenG	289
90, 124—128	KO	50
90, 177—181	ZPO 2	247
90, 193—198	ZPO 5	231
90, 218—223	KO	75
91, 12—16	KO	395
91, 179—185	ZPO 2	40
91, 195—204	ZPO 4	204
91, 297—303	ZVG	10
91, 365—367	ZPO 4	83
91, 390—398*	ZPO 2	250
92, 1—8*	ZPO 2	250
92, 18—22	ZVG	297
92, 121—125*	KO	611
92, 181—194	KO	611
92, 227—229†	KO	223
92, 376—380†	ZPO 2	250
93, 13—15	KO	538
93, 31—33	ZPO 1	187
94, 11—17	ZPO 4	85
94, 164—166	ZPO 3	90
94, 210—213†	ZPO 6	239
94, 305—308	KO	225

RGZ	Band	Seite
94, 341—342*	ZPO 5	235
95, 70—72†	ZPO 4	272
95, 224—226	KO	228
95, 231—235	ZPO 5	235
95, 235—238	ZPO 5	239
95, 268—273	ZPO 1	116
95, 337—339	ZPO 1	211
96, 48—53	ZPO 4	212
96, 177—181	ZPO 1	212
96, 292—296	KO	79
96, 322—326	ZPO 2	73
96, 335—341	NebenG	86
97, 30—34	ZPO 3	92
97, 61—66	ZVG	332
97, 127—131†	ZPO 1	294
97, 162—165	ZPO 4	274
97, 212—214	ZPO 4	90
97, 215—217	ZPO 3	324
97, 295—300*	ZPO 1	189
98, 85—88	ZPO 1	22
98, 106—112†	ZPO 5	306
98, 136—139	KO	82
98, 143—150	KO	289
98, 222—224	ZPO 3	97
98, 241—244	ZPO 2	44
98, 273—276	ZVG	118
98, 302—309	ZPO 3	99
98, 328—330	ZPO 5	74
99, 125—128	ZPO 2	252
99, 140—142	ZPO 2	256
99, 172—187†	ZPO 2	258
99, 199—202	ZVG	301
99, 202—207	ZPO 5	312
99, 270—272	ZPO 2	47
99, 272—274	ZPO 2	76
100, 87—90	NebenG	92
100, 98—101	ZPO 5	76
100, 123—126	ZPO 2	261
100, 208—210	ZPO 3	328
100, 279—284*	ZPO 2	265
101, 117—122	ZVG	240
101, 197—199	ZPO 2	265
101, 392—397	ZPO 6	242
102, 77—82	ZPO 6	27
102, 82—87	ZPO 4	312
102, 174—176	ZPO 3	106
102, 177—181	ZPO 2	267
102, 197—201	ZPO 6	149
102, 328—332	ZPO 3	108
102, 358—363	ZPO 4	365
103, 118—124	NebenG	94
103, 334—340	ZPO 2	132
103, 340—346	NebenG	329
103, 431—432	ZPO 1	121
104, 84—87†	ZPO 4	278
104, 155—159	ZPO 4	317
104, 228—230	ZPO 3	112
104, 368—369	ZPO 3	330
105, 8—16	ZPO 2	78
105, 310—312	ZPO 4	93
105, 351—356	ZPO 3	331
105, 401—406	ZPO 1	146
105, 422—429†	ZPO 2	271
106, 57—58	ZPO 3	246
106, 205—207	ZPO 5	242
106, 233—236	ZPO 3	114
107, 28—31	ZPO 4	405
107, 56—59	ZPO 1	216
107, 61—62	NebenG	244
107, 142—144	ZPO 1	332
107, 308—312	ZPO 3	118
107, 330—331	ZPO 3	121
107, 352—357†	ZPO 2	274
108, 58—60*	NebenG	245
108, 135—137	ZPO 2	276
108, 139—144†	ZPO 6	247
108, 307—310	ZPO 4	407
108, 350—356	ZPO 2	277
109, 47—50	ZPO 2	137
109, 215—216	ZPO 3	336
109, 265—268	ZPO 2	49
109, 288—293	ZPO 3	123
110, 56—59	ZPO 2	283
110, 135—139	ZPO 4	320
110, 354—356	ZPO 5	79
111, 341—342	NebenG	245
112, 1—2	ZPO 2	51
112, 61—63	ZPO 5	81
112, 164—169	ZPO 1	189
112, 297—301†	KO	578
113, 63—65	NebenG	401
113, 166—169	ZPO 4	95
113, 264—271†	NebenG	334
113, 410—413	ZPO 2	286
115, 60—66	ZPO 1	311
115, 71—74	ZPO 2	86
115, 103—111	ZPO 3	127
115, 185—189	ZPO 1	218
115, 262—265	KO	296
115, 271—274	KO	399
115, 374—376	ZPO 4	324
115, 411—413	ZPO 2	89
115, 414—415	ZPO 4	97
116, 134—139	NebenG	104
116, 368—377	KO	541
117, 86—88	NebenG	108
117, 160—162	KO	326
117, 162—168	NebenG	246
117, 168—171	ZPO 4	99
117, 386—388	ZPO 6	249

RGZ	Band	Seite
118, 122—126	ZPO 4	216
118, 126—132*	ZPO 1	222
118, 149—151	ZPO 3	337
118, 171—177	ZPO 4	325
118, 209—210†	KO	299
118, 261—266	ZPO 1	272
118, 276—279	ZPO 5	244
118, 365—369	NebenG	338
118, 382—384	ZPO 2	289
119, 29—33	ZPO 6	250
119, 64—70*	ZPO 3	339
119, 356—360	ZPO 2	290
120, 107—110	KO	230
120, 118—120*	ZPO 6	153
120, 189—192	KO	233
120, 243—249	ZPO 2	91
121, 5—6	ZPO 4	102
121, 24—30	ZPO 3	134
121, 63—65	ZPO 1	150
121, 154—158	ZPO 2	293
121, 349—352	ZPO 6	153
122, 61—65	ZVG	84
122, 156—159†	ZPO 2	297
122, 332—335	ZPO 3	139
123, 194—204†	ZPO 3	339
123, 242—246	NebenG	110
123, 304—307	ZPO 4	219
123, 333—338	ZPO 4	330
123, 364—366	ZPO 3	341
124, 8—10	KO	352
124, 22—28	ZPO 2	52
124, 59—61	KO	236
124, 146—152	ZPO 3	141
124, 195—200	ZVG	121
124, 351—355	NebenG	403
125, 24—33	ZVG	54
125, 159—166	ZPO 3	146
125, 286—289	ZPO 5	83
125, 299—313	ZVG	125
126, 18—21†	ZPO 2	299
126, 21—27	ZPO 5	247
126, 76—78	NebenG	113
126, 234—238	ZPO 2	301
126, 261—264*	ZPO 4	104
126, 264—266	ZPO 4	334
126, 300—302	NebenG	342
126, 304—308	KO	238
126, 353—354	ZPO 4	336
127, 8—12	ZPO 5	86
127, 63—65	ZPO 1	277
127, 100—102	NebenG	247
127, 116—119	KO	85
127, 195—197	ZPO 4	337
127, 272—275	ZVG	136
128, 74—76	ZPO 4	339
128, 81—87	ZPO 5	90
128, 92—101†	ZPO 2	305
128, 216—218	NebenG	249
129, 15—18	ZPO 6	254
129, 23—26	ZVG	88
129, 37—44	ZPO 1	222
129, 155—165	ZVG	173
129, 165—168	ZPO 4	280
129, 168—171†	ZPO 5	95
129, 228—232	NebenG	146
129, 339—346	ZPO 2	57
129, 390—394†	KO	438
130, 9—11	ZPO 4	341
130, 53—55	ZPO 4	342
130, 154—157	NebenG	250
130, 217—220	ZPO 1	278
130, 229—230	ZPO 4	104
130, 297—301	ZPO 1	193
130, 333—337	KO	548
130, 337—340	ZPO 2	140
130, 401—404	ZPO 4	105
131, 109—113	ZPO 3	343
131, 151—154	NebenG	406
131, 185—190	ZPO 5	97
131, 197—202	NebenG	149
131, 261—264	ZPO 2	96
131, 338—340	NebenG	408
131, 340—343	NebenG	115
131, 343—359*	ZPO 3	151
132, 6—9	ZPO 5	101
132, 113—116	NebenG	154
132, 180—183	ZPO 6	156
132, 281—284	KO	242
132, 284—287	KO	244
132, 301—304	NebenG	253
132, 305—311	ZPO 3	151
133, 40—45	KO	54
133, 46—50	KO	247
133, 128—136*	ZPO 6	257
133, 201—206	ZVG	245
133, 215—221	ZPO 3	157
133, 234—244*	KO	59
133, 290—292	NebenG	118
134, 56—66	ZVG	36
134, 82—88	ZPO 4	108
134, 156—162	ZPO 5	103
134, 257—262	KO	629
135, 15—19	ZPO 4	344
135, 25—32	KO	402
135, 110—118†	ZPO 1	316
135, 128—132	ZPO 4	221
135, 167—174	KO	88
135, 177—182	NebenG	343
135, 197—206	ZVG	303
135, 224—231	NebenG	409

RGZ	Band	Seite
135, 295—298*	KO	622
135, 347—351	KO	251
136, 91—96	ZVG	250
136, 152—161	KO	254
136, 206—207	ZPO 4	109
136, 266—273*	ZPO 1	161
136, 288—293	NebenG	156
136, 299—301	ZPO 3	248
136, 353—359*	ZPO 3	346
137, 90—95†	ZPO 4	228
137, 109—112	KO	328
138, 69—73	KO	94
138, 84—89	KO	262
138, 125—129	ZVG	139
138, 247—251	ZPO 2	98
138, 341—346†	ZPO 6	257
139, 17—23	ZPO 5	109
139, 44—45	ZPO 4	231
139, 45—48	ZPO 3	347
139, 48—52	NebenG	160
139, 83—87	KO	552
139, 110—114	NebenG	163
139, 221—224	ZPO 4	110
139, 238—240	ZPO 1	24
139, 351—352	ZPO 5	113
140, 43—49	KO	355
140, 156—163	KO	97
140, 167—173	ZPO 4	113
140, 211—216	ZPO 2	306
140, 262—264	NebenG	414
140, 294—303	NebenG	166
140, 340—344	ZPO 5	253
140, 348—353	ZPO 3	162
141, 194—198	ZPO 5	115
141, 427—429*	KO	59
142, 70—83†	NebenG	289
142, 85—96	ZVG	311
142, 116—123	ZPO 3	250
142, 223—231	ZPO 2	310
142, 255—258	ZPO 1	334
142, 268—278*	ZPO 3	166
142, 291—296	ZPO 2	316
142, 303—306†	ZPO 4	282
142, 379—383†	ZPO 5	256
143, 33—46	ZVG	321
143, 118—123	ZPO 6	158
143, 130—134	ZPO 4	347
143, 250—259†	NebenG	256
143, 263—267	KO	440
143, 295—296	ZPO 1	123
143, 347—350	NebenG	173
143, 355—361	KO	555
144, 6—10	ZPO 3	349
144, 12—15	NebenG	415
144, 54—61	ZPO 2	320
144, 71—75	ZPO 2	326
144, 86—89	ZPO 4	179
144, 96—106†	ZPO 6	261
144, 116—119	ZPO 3	167
144, 179—182	KO	444
144, 236—242	ZPO 5	118
144, 246—253	KO	408
144, 281—285*	ZVG	142
144, 318—320	ZPO 1	281
144, 358—363	ZPO 3	352
144, 391—395	ZPO 5	318
145, 13—16†	ZPO 1	283
145, 38—39	ZPO 3	356
145, 40—45*	ZPO 1	197
145, 164—167	NebenG	418
145, 182—187†	ZPO 4	118
145, 188—194†	NebenG	120
145, 217—223	NebenG	348
145, 253—257	KO	103
145, 309—311	ZPO 3	358
145, 328—336	ZPO 5	123
145, 357—359†	ZPO 1	322
145, 390—396†	ZPO 3	256
146, 52—57†	ZPO 6	265
146, 113—115	ZVG	346
146, 133—145	NebenG	175
146, 244—247	NebenG	257
146, 262—273†	ZPO 6	266
146, 300—308	NebenG	185
146, 308—314	ZPO 5	129
146, 348—355	ZPO 2	329
146, 381—384	NebenG	260
147, 27—32†	ZPO 2	335
147, 69—77*	KO	561
147, 129—136†	ZPO 6	163
147, 303—304	ZPO 3	360
148, 1—3	ZPO 6	273
148, 127—128	ZPO 4	409
148, 151—154	ZPO 1	337
148, 166—174	ZPO 5	134
148, 196—199	ZPO 1	323
148, 199—202	ZPO 4	285
148, 270—277	ZPO 6	275
148, 310—317	ZVG	349
148, 326—336†	KO	107
149, 9—12	KO	267
149, 29—31	NebenG	263
149, 45—51†	ZPO 6	282
149, 110—114	ZPO 4	232
149, 121—128	NebenG	353
149, 129—134*	NebenG	125
149, 182—187	KO	446
149, 191—192	ZPO 1	124
149, 193—195	ZPO 1	26
149, 202—205	ZPO 3	361

RGZ	Band	Seite
149, 251—256†	ZPO 5	260
149, 257—270*	KO	561
149, 321—328	ZPO 6	164
149, 379—384	ZPO 2	102
150, 22—28*	ZVG	91
150, 42—47	NebenG	126
150, 51—55	ZPO 3	363
150, 70—78*	ZPO 4	351
150, 99—102	KO	414
150, 102—108	NebenG	420
150, 243—246	NebenG	265
150, 286—288	KO	450
150, 293—298	ZPO 4	351
150, 357—364	ZPO 4	1
150, 392—397	ZPO 4	7
151, 5—10†	ZPO 3	169
151, 65—70	ZPO 2	338
151, 82—86	ZPO 1	339
151, 108—109*	ZPO 2	342
151, 155—159	ZPO 6	171
151, 180—184	ZPO 4	120
151, 198—202†	ZPO 2	342
151, 208—210	ZPO 4	235
151, 210—218	ZPO 1	197
151, 265—271	NebenG	191
151, 304—318	ZPO 4	123
151, 318—319†	ZPO 4	11
151, 381—384	ZPO 3	171
152, 9—12	ZPO 1	133
152, 28—37†	ZPO 4	12
152, 125—128	KO	452
152, 198—199	ZPO 2	345
152, 201—208	ZPO 6	300
152, 221—222	ZPO 1	325
152, 248—251	ZPO 2	351
152, 292—301	ZPO 3	174
152, 316—320	ZPO 4	182
152, 321—323	KO	269
152, 324—325	ZPO 4	13
152, 360—365†	ZPO 2	63
152, 375—379	ZPO 6	285
153, 65—71	ZPO 1	342
153, 101—105†	ZPO 4	14
153, 179—184	NebenG	196
153, 200—210†	KO	634
153, 210—216	ZPO 5	141
153, 220—231	ZPO 6	174
153, 252—256	ZVG	181
153, 267—271	ZPO 6	289
153, 271—274	ZPO 1	199
153, 348—349	ZPO 4	22
153, 350—354†	NebenG	130
153, 366—371	ZPO 5	146
154, 41—50*	ZPO 2	353
154, 72—87*	NebenG	200
154, 92—98	ZPO 4	355
154, 138—140	ZPO 4	130
154, 291—299	KO	455
154, 319—320	ZPO 4	136
154, 378—385	NebenG	133
154, 397—400	ZVG	142
155, 42—50†	NebenG	139
155, 72—75	ZPO 6	185
155, 95—103	NebenG	200
155, 224—226	ZPO 2	142
155, 227—234†	ZPO 2	353
155, 239—248	ZPO 1	297
155, 306—316	NebenG	211
156, 82—89*	ZPO 3	182
156, 156—158	ZPO 4	136
156, 164—172†	ZPO 1	301
156, 198—208*	ZPO 2	355
156, 240—245†	ZPO 4	23
156, 263—265	ZPO 1	28
156, 271—279	ZVG	185
156, 334—340*	ZPO 3	279
156, 395—399	ZPO 5	264
157, 23—24	ZPO 4	26
157, 88—89	ZPO 1	161
157, 89—96†	ZVG	44
157, 106—120†	NebenG	268
157, 159—161	ZPO 5	150
157, 197—206	NebenG	269
157, 294—297	KO	640
157, 321—327†	ZPO 5	268
157, 341—348	NebenG	277
157, 359—368	NebenG	300
157, 379—384	ZPO 2	145
158, 34—40†	ZPO 3	182
158, 53—56	ZPO 4	27
158, 79—88	KO	622
158, 100—113	NebenG	359
158, 195—198	ZPO 4	30
158, 199—204*	ZPO 4	361
158, 318—320	ZPO 4	138
158, 346—350†	ZPO 4	140
158, 350—351	ZPO 1	29
158, 362—377*	ZPO 4	141
158, 380—384*	ZPO 2	356
159, 25—27	ZPO 2	65
159, 58—64	ZPO 2	356
159, 178—180	ZPO 4	287
159, 186—192†	ZPO 2	361
159, 293—296†	ZPO 4	33
159, 357—368	ZPO 4	141
160, 37—41	ZPO 5	271
160, 83—88	NebenG	421
160, 134—139	NebenG	206
160, 157—162	ZPO 4	147
160, 191—192†	ZPO 4	361

RGZ	Band	Seite	RGZ	Band	Seite
160, 307—310	ZPO 4	34	166, 166—167	ZPO 4	362
160, 321—326	ZPO 6	33	166, 175—188*	ZPO 2	367
160, 338—349*	ZPO 2	362	166, 246—249†	ZPO 3	189
160, 369—372	ZPO 4	369	166, 249—256	ZVG	264
160, 378—380	ZPO 2	106	167, 213—218	ZPO 4	159
161, 61—64	ZPO 3	183	167, 254—256	ZPO 4	160
161, 109—121	ZPO 5	274	167, 328—339	ZPO 6	37
161, 280—285†	NebenG	303	168, 47—49	ZPO 2	368
161, 350—359	ZPO 4	151	168, 187—192	ZPO 4	382
162, 24—32*	ZVG	255	168, 225—231	ZPO 4	241
162, 52—63*	ZVG	355	168, 321—331*	ZPO 2	370
162, 65—69	ZPO 4	37	168, 339—342	ZPO 4	386
162, 84—87	ZPO 2	109	168, 355—361	ZPO 4	40
162, 198—202	ZPO 1	348	168, 385—388	ZPO 4	389
162, 218—222	NebenG	141	169, 52—54	ZPO 6	294
162, 279—282	ZPO 3	187	169, 54—57	ZPO 5	284
162, 282—291*	ZPO 1	351	169, 100—105	ZPO 4	246
162, 292—298	KO	272	169, 145—147	ZPO 4	250
162, 316—320	ZPO 3	258	170, 18—22	ZPO 4	45
163, 100—104	ZPO 4	371	170, 191—192	ZPO 2	370
163, 121—126*	ZPO 5	307	170, 276—281	KO	416
163, 252—255	ZPO 1	286	170, 281—285*	ZPO 3	192
164, 212—220	KO	581	170, 328—333†	ZPO 2	372
164, 281—287	ZPO 2	362	170, 341—346†	ZPO 4	410
164, 307—309	ZPO 1	125	171, 39—43†	ZPO 4	252
164, 341—348*	ZPO 4	158	171, 129—137*	ZPO 3	192
165, 65—68	ZPO 1	288	171, 173—181*	ZPO 3	192
165, 140—146†	ZPO 6	292	171, 274—277	ZPO 4	162
165, 236—242*	ZPO 2	367	172, 68—74	NebenG	283
165, 248—254	ZPO 4	375	172, 74—76	ZPO 1	352
165, 307—309	ZPO 4	380	172, 76—82*	ZPO 4	165
165, 374—383†	ZPO 5	151	172, 118—126†	ZPO 3	193
166, 113—123	ZVG	255	172, 151—152	ZPO 4	364

Inhalt der Bände

Zivilprozeßordnung

Teil 1

Allgemeine Bestimmungen

Seite

Sachliche Zuständigkeit 1
Gerichtsstand 31
Vereinbarung über die Zuständigkeit der Gerichte 127
Ausschließung und Ablehnung der Gerichtspersonen 128
Parteifähigkeit. Prozeßfähigkeit 135
Streitgenossenschaft 152
Beteiligung Dritter am Rechtsstreit 166
Prozeßbevollmächtigte und Beistände 202
Prozeßkosten 228
Sicherheitsleistung 291
Armenrecht 305
Mündliche Verhandlung 326

Zivilprozeßordnung

Teil 2

Allgemeine Bestimmungen

Zustellungen 1
Ladungen, Termine, Fristen 67
Folgen der Versäumung. Wiedereinsetzung in den vorigen Stand 73
Unterbrechung und Aussetzung des Verfahrens 112

Verfahren im ersten Rechtszuge

Verfahren bis zum Urteil 150

Zivilprozeßordnung

Teil 3

Verfahren im ersten Rechtszuge

Seite

Urteil 1
Allgemeine Bestimmungen über die Beweisaufnahme 194
Zeugenbeweis 197
Beweis durch Sachverständige 261
Beweis durch Urkunden 279

Rechtsmittel

Berufung 285

Zivilprozeßordnung

Teil 4

Rechtsmittel

Berufung (Fortsetzung) 1
Revision 48
Beschwerde 165

Wiederaufnahme des Verfahrens 185
Urkunden- und Wechselprozeß 255

Ehesachen · Feststellung des Rechtsverhältnisses zwischen Eltern und Kindern Entmündigungssachen

Verfahren in Ehesachen 293
Feststellung des Rechtsverhältnisses zwischen Eltern und Kindern 365
Verfahren in Entmündigungssachen 391

Zivilprozeßordnung

Teil 5

Zwangsvollstreckung

Allgemeine Bestimmungen. 1
Zwangsvollstreckung wegen Geldforderungen in das bewegliche Vermögen 155
Zwangsvollstreckung in das unbewegliche Vermögen 287
Verteilungsverfahren 307

Zivilprozeßordnung

Teil 6

Zwangsvollstreckung

Seite
Zwangsvollstreckung zur Erwirkung der Herausgabe von Sachen und zur Erwirkung von Handlungen oder Unterlassungen 1
Offenbarungseid 46
Arrest und einstweilige Verfügung 48

Aufgebotsverfahren 183
Schiedsrichterliches Verfahren 188

Schiedsgutachter 296

Konkursordnung

Konkursrecht

Allgemeine Bestimmungen 1
Erfüllung der Rechtsgeschäfte 60
Anfechtung 114
Aussonderung 278
Absonderung 300
Aufrechnung 331
Massegläubiger 360
Konkursgläubiger 372

Konkursverfahren

Allgemeine Bestimmungen 421
Eröffnungsverfahren 462
Teilungsmasse 468
Schuldenmasse 491
Verteilung 562
Zwangsvergleich 589
Besondere Bestimmungen 626

Zwangsversteigerungsgesetz

Allgemeine Vorschriften 1
Anordnung der Versteigerung 15
Aufhebung und einstweilige Einstellung des Verfahrens 48
Bestimmung des Versteigerungstermins 61
Geringstes Gebot. Versteigerungsbedingungen 91

Seite
Versteigerung 142
Entscheidung über den Zuschlag 145
Beschwerde 192
Verteilung des Erlöses 194
Zwangsverwaltung 270
Zwangsversteigerung von Schiffen im Wege der Zwangsvollstreckung . . . 332
Zwangsversteigerung und Zwangsverwaltung in besonderen Fällen 337
Sondervorschriften 339

Nebengesetze

Anfechtungsgesetz 1
Vergleichsordnung 146
Gerichtsverfassungsgesetz 220
Rechtsanwaltsordnung 289
Rechtsanwaltsgebührenordnung 304
Gerichtskostengesetz 370

Sachregister

Die Abschnitte der Gruppe II Verfahrensrecht sind wie folgt abgekürzt

Zivilprozeßordnung	=	ZPO
Konkursordnung	=	KO
Zwangsversteigerungsgesetz	=	ZVG
Nebengesetze	=	NebenG

Die erste Ziffer bedeutet den betreffenden Teil des Abschnitts, die letzte Ziffer die Seitenzahl des Bandes

Sachregister

A

Abänderung des Kostenfestsetzungsbeschlusses bei Änderung der Festsetzung des Streitwerts ZPO 1 S. 240
— des erstinstanzlichen Urteils im Rahmen der Berufungsanträge in Ehesachen ZPO 4 S. 347
— der vorläufigen Vollstreckbarkeit eines Urteils in der höheren Instanz durch Urteil ZPO 5 S. 48
—, Klagänderung bei — des Anfechtungsanspruchs von § 24 KO auf § 23 KO KO S. 118
—, Klagänderung bei — des Anfechtungsanspruchs von § 31 Nr. 1 auf § 40 II Nr. 1 KO KO S. 233
—, Befugnis des Zwangsversteigerungsrichters zur Ergänzung oder — des Zuschlagsbeschlusses ZVG S. 173
— siehe auch Klagänderung und Urteilsänderung
Abänderungsklage bzgl. eines Rentenurteils ZPO 3 S. 63, 84
— auf Herabsetzung bloß eines der mehreren den Unfallrentenbetrag zusammensetzenden Postens ZPO 3 S. 63
—, Voraussetzungen und Verjährung ZPO 3 S. 81
—, Zur Auslegung des § 323 II ZPO ZPO 3 S. 112
—, Zur Anwendung des § 323 IV ZPO auf privatschriftliche Vergleiche ZPO 3 S. 114
— bei Abweisung nur wegen fehlenden Schadens ZPO 3 S. 187
—, Mit Sprungrevision kann Verletzung des § 323 ZPO gerügt werden ZPO 4 S. 113
Abberufung des Schiedsgutachters durch die Partei, die ihn bestellt hat ZPO 6 S. 300
Abgabe einer Entmündigungssache ZPO 4 S. 409
Ablehnung des Richters NebenG S. 220
—, Zur — des Richters bei Antrag beider Parteien auf Anberaumung eines anderen Verhandlungstermins ZPO 1 S. 130
— eines Sachverständigen ZPO 3 S. 265, 273
— eines in erster Instanz vernommenen Sachverständigen in der Berufungsinstanz ZPO 3 S. 278
—, Zur Entscheidung des Prozeßrichters über — von Schiedsrichtern, wenn eine gerichtliche Entscheidung über die — gemäß § 1045 ZPO nicht vorliegt ZPO 6 S. 273
— eines Schiedsrichters nur durch das ordentliche Gericht ZPO 6 S. 285
— des Schiedsgutachters wegen Befangenheit? ZPO 6 S. 300
—. Zur Frage der rückwirkenden Vertragsauflösung bei — der Erfüllung, im Vergleichsverfahren NebenG S. 175
Ablehnungsgesuch siehe Rechtsanwaltszwang
Abnahme der Kaufsache, Streitwert bei Klagen auf — ZPO 1 S. 20
Absonderung KO S. 300—331
Absonderungsberechtigter, Zur rechtlichen Stellung des —n als Anfechtungsgegner KO S. 238
—, Zur Wirksamkeit des im Konkurse geschlossenen Zwangsvergleichs für die —n KO S. 303
—, Zum Anspruch des —n auf Zahlung der Zwangsvergleichsquote nach Konkursbeendigung KO S. 314
—, Berufung auf § 65 KO KO S. 391
—, Rücktritt des —n von einem Vergleiche, weil der Gemeinschuldner nicht erfüllt hat? KO S. 391

Absonderungsberechtigter, Persönliche Haftung des Konkursverwalters aus Vertrag mit —m über dessen Befriedigung KO S. 444
—, Beteiligung eines —n mit nur einem Teil seiner Forderung am Vergleichsverfahren NebenG S. 206
Absonderungsrecht, Verfrühte Pfändung und — im Konkurs ZPO 5 S. 83
—, Zum — des Abtretungsempfängers bei Konkurseröffnung über das Vermögen des Kreditnehmers KO S. 59
— der Vergleichsgläubiger nach beendetem Vergleichsverfahren an dem zur Durchführung des Vergleichs einem Treuhänder übergebenen Treugut im späteren Konkurs? KO S. 103
— Sicherungsübereignung im Konkurs des Sicherungsgebers begründet ein — KO S. 299
— der Kreditgenossenschaft am Geschäftsguthaben des Genossen für Forderungen an denselben aus erfolgter Kreditgewährung, § 51 KO KO S. 308
—, Vormerkung für Hypothek gewährt ein — im Konkurs KO S. 314
—, Zur Befriedigung aus dem Gegenstande des —s (Pfandrecht) nach Abschluß eines Zwangsvergleichs und Aufhebung des Konkurses KO S. 380
— des Vermieters im Konkurse des Mieters, Recht auf den Erlös KO S. 488
—, Durch Eintragung in die Tabelle wird wohl die Forderung, nicht aber das — rechtskräftig festgestellt KO S. 513
— und Ausfallforderung KO S. 552
—, Absonderungsberechtigter persönlicher Gläubiger, der nur den durch das — nicht gedeckten Teil seiner Forderung anmeldet, im Vergleichsverfahren NebenG S. 200
Abstammung, Negative Feststellungsklage des bereits rechtskräftig verurteilten Vaters bzgl. — eines unehelichen Kindes ZPO 2 S. 356
—, Über Beweislast, Rechtskraftwirkung und Klageanträge in Rechtsstreitigkeiten über die Feststellung der blutmäßigen — ZPO 2 S. 362
—, Feststellung der blutmäßigen —, Urteilszustellung von Amts wegen ZPO 4 S. 380
Abstammungsfeststellungsklage gegen die Erben des angeblichen Erzeugers ZPO 4, S. 371
—, Rechtliches Interesse, wenn Beklagter seine Vaterschaft anerkennt? ZPO 4 S. 386
— siehe auch Ähnlichkeitsgutachten, Verneinende —
Abstammungsverfahren, Verfahrensgrundsätze im — ZPO 4 S. 375
Abstrakte Schadensberechnung, Zur Frage der —n — ZPO 2 S. 222
Abtretung eines Anspruchs, dessentwegen ein Anfechtungsprozeß anhängig ist. Anwendbarkeit des § 265 ZPO ZPO 2 S. 167
—, Einwand der mangelnden Aktivlegitimation wegen — des Klaganspruchs ZPO 2 S. 187
— eines in Streit befangenen Anspruchs, § 265 ZPO ZPO 2 S. 202
— der streitbefangenen Forderung während Rechtshängigkeit. Wiederaufnahmeverfahren gegen den Abtretenden ZPO 4 S. 241
—, Zahlung an Zedenten trotz Kenntnis der —, Rechtsbehelfe des Schuldners zu seiner Sicherung ZPO 5 S. 74
— der zur Einziehung überwiesenen Forderung mit Wirkung gegenüber dem Schuldner ZPO 5 S. 284
—, Unzulässigkeit des Verteilungsverfahrens, wenn Forderung sowohl abgetreten wie gepfändet ist und der Schuldner den Schuldbetrag hinterlegt hat ZPO 5 S. 318
— der Versicherungsansprüche von seiten des Versicherungsnehmers an den Bezugsberechtigten und Widerruf der Bezugsberechtigung ZPO 6 S. 174
—, Aufnahme des Verfahrens durch den Konkursverwalter im Falle der — des Anspruchs durch den Gemeinschuldner KO S. 35
— des Anfechtungsrechts nach § 29 KO durch Konkursverwalter KO S. 128
— einer Forderung als anfechtbare Rechtshandlung KO S. 247

—, Zur Aussonderung von einer Forderung, die der Gemeinschuldner vor Konkurseröffnung abgetreten hat KO S. 289
—, Aufrechnung eines Konkursgläubigers, wenn z. Z. der Konkurseröffnung Forderung und Schuld in seiner Person vereinigt, er aber dann seine Konkursforderung abgetreten und erst später wieder erworben hat KO S. 342
—, Aufrechnung vor Konkurseröffnung mit einer unter Kenntnis von Zahlungseinstellung durch Rechtsabtretung erworbenen Forderung KO S. 348
—, Anfechtung der — von Vermögensstücken, die bereits mit Pfandrechten belastet sind NebenG S. 2
—, Anfechtung gegen Zessionar, § 7 AnfGes. NebenG S. 54
—, Anfechtung der — der Mietzinse seitens der Gläubiger des Abtretenden NebenG S. 83
—, Passivlegitimation im Wiederaufnahmeverfahren bei — des Urteilsanspruchs vor Erhebung der Nichtigkeitsklage NebenG S. 115
Abtretungsgläubiger, Zur Frage des Übergangs der Schiedsabrede auf den — ZPO 6 S. 265
Abwesenheitspflegschaft hat nicht Prozeßunfähigkeit für den Abwesenden zur Folge ZPO 1 S. 140
Abwicklervergütung, Konkursanfechtung einer — KO S. 272
Adliger Name, Unbefugte Führung eines —n —s ZPO 1 S. 116
Ähnlichkeitsgutachten, Einholung eines —s in der Abstammungsklage kann unterbleiben, wenn Mehrverkehr durch das sonstige Beweisergebnis völlig ausgeschlossen erscheint ZPO 4 S. 389
Aktiengesellschaft, Zur Feststellungsklage des Aktionärs gegen einen Dritten auf Nichtigkeit des Vertrags von diesem mit der — ZPO 2 S. 310
Aktiengesetz, Zur Umgehung des Aufrechnungsverbots in § 60 — ZPO 3 S. 174
Aktienrechtliche Anfechtungsklage, Zustellung an den Aufsichtsrat ZPO 2 S. 39
Aktivlegitimation, Einwand der mangelnden — aus § 265 III ZPO ZPO 2 S. 187
Aktivprozeß im Konkurs, § 10 KO KO S. 33
— siehe auch Berufung
Akzept siehe Eigentumsvorbehalt, Gefälligkeitsakzept
Allgemeine Bestimmungen über die Beweisaufnahme ZPO 3 S. 194
Allgemeine Vorschriften, Zwangsversteigerungsgesetz ZVG S. 1—15
Altenteil, Rangverbesserung des bei der Zwangsversteigerung bestehenbleibenden —s ZVG S. 154
Altenteilrecht in der Zwangsversteigerung ZVG S. 349, 355
Amortisationsbeiträge siehe Rangornung
Amts wegen, Ladungen von — — und § 217 ZPO ZPO 2 S. 67
—, Bedeutung der von — — bewirkten Zustellung nicht verkündeter Urteile ZPO 2 S. 91
—, Berücksichtigung der Einrede der Rechtshängigkeit von — — ZPO 2 S. 362
—, Nachprüfung, ob § 565 II ZPO beachtet ist, von — — ZPO 4 S. 85
—, Rechtshängigkeit in Ehescheidungs- und Eheanfechtungsstreitigkeiten ist von — — zu berücksichtigen ZPO 4 S. 317
—, Zustellung des Urteils in Abstammungsfeststellungsklagen von — — ZPO 4 S. 380
—, Vollstreckung der nach § 888 ZPO auferlegten Geldstrafe auf Betreiben der Partei, nicht von — — ZPO 6 S. 15
Amtsgericht, Widerspruch gegen eine vom — gemäß § 942 ZPO erlassene einstweilige Verfügung ZPO 6 S. 119
—, Zuständigkeit des —s für vertragliche Unterhaltsansprüche NebenG S. 263
Amtshaftung siehe Revisionssumme
Amtspflicht des das Zwangsversteigerungsverfahren leitenden Beamten gegenüber dem Meistbietenden ZVG S. 88
Amtspflichtverletzung, Zur — des Prozeßrichters durch ungenügende Prüfung der Vollmacht des Prozeßvertreters ZPO 1 S. 222

Amtspflichtverletzung, im Armenrechtsverfahren ZPO 1 S. 316
—, Erlaß eines Zwischenurteils über den Grund des Anspruchs bei Schadensersatzklage wegen — ZPO 3 S. 182
— des Richters bei Abnahme des Offenbarungseides bei Nichtvorlegung eines ordnungsmäßigen Vermögensverzeichnisses ZPO 6 S. 46
— des Versteigerungsrichters bei Nichtbeachtung der Ergänzung des Beitrittsbeschlusses ZVG S. 36
— des Versteigerungsrichters bei sachlich ungerechtfertigter Vertagung des Versteigerungstermins ? ZVG S. 125
— des Zwangsversteigerungsrichters, wenn er sich während der Bietungsstunde nach § 73 ZVG in ein anderes Zimmer begibt ZVG S. 142
— bei unrichtiger Aufstellung des Teilungsplans auch bei nicht erhobenem Widerspruch im Verteilungstermin ZVG S. 264
—, Ausschließliche Zuständigkeit der Landgerichte bei Ansprüchen gegen Kommunalverbände wegen —en ihrer Beamten NebenG S. 244
—, Zulässigkeit des Rechtswegs für Schadensersatzansprüche aus —en von Steuerbeamten NebenG S. 269
Amtsverschwiegenheit, Pflicht zur — von Gerichtsvollziehern ZPO 3 S. 207
Amtsversehen siehe Mitwirkendes Verschulden
Änderung siehe Abänderung
Anerkenntnis des Anspruchs im Prozeß nach § 93 ZPO bei Feststellungsklagen ZPO 1 S. 272
—, Anfechtbarkeit der Kostenentscheidung nach Aufhebung des Versäumnisurteils und — nach § 93 ZPO. Selbständige Anfechtung der Kostenentscheidung ZPO 1 S. 288
Anerkenntnisurteil, Auslegung eines —s im Patentverletzungsstreit ZPO 2 S. 335
—, Voraussetzungen bei Erlaß durch das Berufungsgericht ZPO 3 S. 192
Anerkennung der Vaterschaft. Rechtsschutzbedürfnis bei Abstammungsfeststellungsklage ? ZPO 4 S. 386
Anfechtbarkeit der Kostenentscheidung nach Aufhebung des Versäumnisurteils und Anerkenntnis nach § 93 ZPO ZPO 1 S. 288
—, Zur Nichtigkeit und — von Vertreterwahlen der Genossenschaft ZPO 2 S. 368
— früherer Rechtshandlungen KO S. 201
— einer Sicherstellung oder Befriedigung, die der Gläubiger in der Art zwar nicht fordern konnte, aber annehmen mußte, nach § 30 Nr. 2 KO KO S. 204
— von Honorarzahlungen an eine mit der Sanierung eines notleidenden Unternehmens beauftragte Vertrauensperson KO S. 254
—, Allgemeine Voraussetzungen der — nach dem AnfGes. NebenG S. 44
— siehe auch Girokonto
Anfechtung einer Kostenentscheidung, wenn die — nur den Kostenpunkt zum Gegenstande hat ZPO 1 S. 228
— der Kostenentscheidung bei Erledigung des Rechtsstreits in der Hauptsache nach Einlegung des Rechtsmittels ZPO 1 S. 236
— des Urteils über einen die Berufungssumme nicht erreichenden Rest der Hauptsache und über die gesamten Kosten des Rechtsstreits ZPO 1 S. 286
— eines Prozeßvergleichs ZPO 1 S. 342, 348
— einer Eidesweigerung ZPO 2 S. 222
— des Verzichts auf Berufung ZPO 3 S. 331
— der Zurücknahme der Revision ZPO 4 S. 93
— der Entmündigung wegen Geisteskrankheit. Beginn des Fristenlaufs für den Entmündigten, § 664 III ZPO ZPO 4 S. 391
— eines gegen Sicherheitsleistung für vorläufig vollstreckbar erklärten Urteils bei unterbliebener Leistung der Sicherheit ZPO 5 S. 80
—, Vorpfändung und — der nachfolgenden gerichtlichen Pfändung nach §§ 29ff. KO ZPO 5 S. 219

— der Pfändung ergreift nicht auch die Vorpfändung ZPO 5 S. 221
— des Pfändungspfandrechts. Kenntnis des Gerichtsvollziehers ZPO 5 S. 231
— des Schiedsvertrages bei Vollstreckbarkeitserklärung d. Schiedsspruchs ZPO 6 S. 192
— **KO S. 114—277**
— von Rechtshandlungen des Gemeinschuldners KO S. 1
— *einer Willenserklärung* wegen Irrtums über ihre Rechtsfolgen KO S. 82
— eines Veräußerungsvertrags durch den Konkursverwalter, wenn das Entgelt dem Wert der veräußerten Gegenstände entpricht KO S. 141
— von Rechtshandlungen außerhalb des Konkurses KO S. 163
—, Aufrechnung und Rückgewähr einer Forderung bei — nach § 30 Nr. 2 KO KO S. 181
— nach § 30 KO und Eigentumsvorbehalt KO S. 192
—, Zur Frage der im Konkurs anfechtbaren Rechtshandlung KO S. 247
—, Verfolgungsrecht aus § 44 KO gegenüber der im Konkurse erfolgten —, § 30 KO KO S. 283
— nach § 30 KO zur Verhinderung der Deckung eines Gläubigers mittels Aufrechnung KO S. 332
— eines die Bevorzugung eines Konkursgläubigers enthaltenden Rechtsgeschäfts des Konkursverwalters durch einen benachteiligten Gläubiger KO S. 468
— eines Zwangsvergleichs im Falle heimlicher Begünstigung einzelner Gläubiger KO S. 601
— des Zwangsvergleichs wegen Täuschung, § 196 II KO KO S. 622
— eines Zuschlagsbeschlusses im Klagewege ZVG S. 132
—, Zur Verweisung des Anfechtungsklägers durch den Anfechtungsbeklagten auf eine dem Schuldner angeblich gegen den Anfechtungskläger zustehende Forderung NebenG S. 23
— nach dem AnfGes. durch Erklärung außerhalb eines Prozeßverfahrens dem Anfechtungsgegner gegenüber unzulässig NebenG S. 44
—, Keine — nach Abschluß des Vergleichs NebenG S. 160
— siehe auch Erfüllungsgeschäft, Gläubigerbenachteiligung, Hypothek, Irrtum, Lebensversicherung, Pfändung, Verpfändung, Rückgewähr, Unentgeltliche Verfügung, Vergleich, Wechselindossament, Wechselverpflichtung, Wechselzahlungen

Anfechtungsankündigung, Wahrung der Frist nach § 4 AnfGes. NebenG S. 60

Anfechtungsanspruch, Klagänderung bei Abänderung des —s von § 24 auf § 23 KO KO S. 118
—, Klagänderung bei Abänderung des —s von § 31 Nr. 1 auf § 40 II Nr. 1 KO KO S. 233

Anfechtungseinrede, Keine Abweisung der Klage auf Grund einer — nach § 5 AnfGes., wenn der Schuldtitel nur vorläufig vollstreckbar ist NebenG S. 86

Anfechtungsfrist, Über den Begriff der Kenntnis, durch welche die — des § 664 ZPO in Lauf gesetzt wird ZPO 4 S. 405
—, Auf die in § 30 KO bestimmte — finden die Vorschriften der ZPO keine Anwendung KO S. 115
—, Berechnung der — von § 30 Nr. 2 KO KO S. 121
— des § 41 KO und Eventualaufrechnung im Prozesse KO S. 212
—, Widerspruchsklage und —, § 41 Abs. 2 KO KO S. 228
—, Wahrung der — des § 41 I KO nur durch schlüssige Klage? KO S. 244
—, Zur Wahrung der — nach § 41 KO durch Einreichung einer Klage bei dem nur örtlich nicht auch sachlich zuständigen Amtsgericht KO S. 267
—, Zur Wahrung der — nach § 4 AnfGes., wenn vollstreckbarer Schuldtitel noch nicht erlangt ist NebenG S. 60
—, Beginn der — nach § 3 Nr. 2 AnfGes. bei Verkauf und Eigentumsübertragung eines Grundstücks NebenG S. 104
—, Zur Frage der Wahrung von —en nach § 3 AnfGes. NebenG S. 113

Anfechtungsgesetz NebenG S. 1—145
—, Anfechtung von Rechtshandlungen außerhalb des Konkurses auf Grund des —es KO S. 163
Anfechtungsgrund, Zur Geltendmachung neuer —e nach Erhebung der Restitutionsklage ZPO 4 S. 241
—, Zum Ausschluß von Eheanfechtungsgründen, die dem Kläger im früheren Eheprozeß bereits bekannt sind ZPO 4 S. 339
Anfechtungsklage, Streitwert bei —n außerhalb des Konkurses bezüglich eines mit Hypotheken belasteten Grundstücks ZPO 1 S. 14
— auf Grund eines Schuldtitels über gesetzlichen Unterhaltsanspruch. Wert des Streitgegenstandes ZPO 1 S. 24
—, Rechtliche Natur der — auf Grund des § 30 KO, Gerichtsstand ZPO 1 S. 31, 32f, 38
—, Aufhebung des Konkurses durch Zwangsvergleich nach erfolgter — des Konkursverwalters. Kostenentscheidung ZPO 1 S. 269
—, Aktienrechtliche —. Zustellung an den Aufsichtsrat ZPO 2 S. 39
—, Ausschließliche Zuständigkeit des Landgerichts, in dessen Bezirk das Aufgebotsgericht seinen Sitz hat, für — nach § 957 ZPO ZPO 6 S. 183
— aus § 957 II ZPO bei mangelndem Rechtsschutzbedürfnis unzulässig ZPO 6 S. 185
—, § 33 KO bezieht sich auch auf die — aus § 30 Nr. 2 KO KO S. 120
— des Konkursverwalters gegen einzelne Posten des Saldos des Kontokorrents und Eintragung des Saldos in der Konkurstabelle nach Anerkennung im Prüfungstermin KO S. 501
Anfechtungsprozeß, Abtretung eines Anspruchs, dessentwegen ein — anhängig ist. Anwendbarkeit des § 265 ZPO ZPO 2 S. 167
—, Einfluß der Konkursbeendigung durch Zwangsvergleich auf die vom Konkursverwalter angestrengten —e KO S. 597
Anfechtungsrecht im Konkurs des Anfechtungsgegners als Aussonderungsanspruch? KO S. 287
—, Bedeutung des Absonderungsrechts für die Ausübung des —s während des Konkurses KO S. 326
— des Konkursgläubigers, § 13 AnfGes. NebenG S. 21
Angestellte der Gewerbetreibenden als Sachverständige, § 407 ZPO ZPO 3 S. 271
— einer Gemeinde siehe Erstattungsanspruch
Angriffs- und Verteidigungsmittel, Nachträgliche Geltendmachung von —n in der Berufungsinstanz ZPO 3 S. 339
—, Zurückweisung neuer — in der Berufungsinstanz ZPO 3 S. 360
—, Vorschrift des § 529 II ZPO bzgl. des Vorbringens neuer — gilt nicht analog für das Beschwerdeverfahren ZPO 6 S. 17
Ankündigung eines eingeschränkten Revisionsantrages ZPO 3 S. 346
— der Pfändung einer künftigen Forderung ZPO 5 S. 211
Anmeldung, Eine nicht angemeldete Konkursforderung kann nach § 146 KO nicht verfolgt oder bekämpft werden KO S. 536
— und Prüfung der Konkursforderungen. Der Mangel dieser Klagvoraussetzungen ist von Amts wegen zu beachten KO S. 536
—, Folgen verspäteter — im Zwangsversteigerungsverfahren ZVG S. 232
— siehe auch Kontokurrentsaldo
Anordnung der Versteigerung ZVG S. 15—48
Anschließung, Kosten des erfolglos eingelegten Rechtsmittels bei ebenfalls erfolglos eingelegter — des Gegners an das Rechtsmittel, § 97 ZPO ZPO 1 S. 246
Anschlußberufung, Zulässigkeit der — gegenüber demjenigen notwendigen Streitgenossen, der die Berufung zurückgenommen hat ZPO 1 S. 152
—, Zur Nachbesserung von Mängeln der Begründung einer — ZPO 4 S. 14
—, Formerfordernisse. Bezugnahme auf den bisherigen Streitstoff zur Begründung der — ZPO 4 S. 14

—, Zur Zulässigkeit der —, wenn frühere selbständige Berufung des sich Anschließenden als unzulässig verworfen war ZPO 4 S. 22
— nach Wegfall der Hauptberufung als selbständige Berufung ZPO 4 S. 23
—, Zur Begründungsfrist der unselbständigen — ZPO 4 S. 45
Anschlußrevision, Zur Bewilligung des Armenrechts für Revisionsbeklagten, der sich der Revision anschließen will ZPO 1 S. 306
— Gebührenvorschuß für die Revisionsinstanz in Ehesachen bei — NebenG S. 372
Anspruch, Übergangener — im Urteil erster Instanz. Geltendmachung in der Berufungsinstanz ZPO 3 S. 54
Anstandspflicht, Leistung und —, § 814 BGB KO S. 314
Anstellungsvertrag, Anfechtbarkeit eines —s NebenG S. 68
Anteil, Zur Bestimmung des —s des Eigentümers mitversteigerter fremder Gegenstände an dem Versteigerungserlös ZVG S. 76
Antrag siehe Berufungsantrag, Klagantrag, Parteianträge und Revisionsantrag
Anvertrautsein im Sinne von § 383 I Ziff. 5 ZPO ZPO 3 S. 228
Anwalt siehe Rechtsanwalt, Prozeßbevollmächtigter
Anwaltsassessor, Wirksamkeit der Prozeßhandlungen eines nicht zum Stellvertreter des Rechtsanwalts bestellten —s NebenG S. 300
Arglisteinrede gegenüber dem Anfechtungskläger, §§ 2, 3 Nr. 1 AnfGes. NebenG S. 110
Arglisteinwand in der Zwangsversteigerung gegenüber der Widerspruchsklage ZVG S. 68
Arglistige Herbeiführung einer rechtskräftigen Entscheidung ZPO 3 S. 70
Arglistige Täuschung, Einheitliche Feststellung der Nichtigkeit eines Kaufvertrages wegen —r — mehreren Verkäufern gegenüber? ZPO 2 S. 214
Armenanwalt, Fortdauer der Prozeßvollmacht des bisherigen —s nach Beiordnung eines anderen ZPO 1 S. 211
—, Haftung des als — tätigen Rechtsanwalts für Versäumung der Berufungsfrist ZPO 1 S. 222
—, Pflichten des —s ZPO 1 S. 311
—, Auslagenerstattung aus der Staatskasse NebenG S. 329
—, Rückzahlung des Vorschusses bei nachträglicher Bestellung als — NebenG. S. 342
—, Gebührenerstattung bei Bewilligung des Armenrechts zu einem Bruchteil NebenG S. 343
—, Schreibgebühren für Abschriften aus den Gerichtsakten NebenG S. 370
Armenrecht ZPO 1 S. 305—326
— und Zustellungsempfänger bei Bestellung eines Pflichtanwalts ZPO 1 S. 208
—, Zu späte Ablehnung des —s als unabwendbarer Zufall im Sinne des § 233 ZPO ZPO 2 S. 98
—, Beginn der Wiedereinsetzungsfrist nach Ablehnung des —s bei Einreichung des zweiten Armenrechtsgesuchs ZPO 2 S. 102
—, Wiedereinsetzung der armen Partei in den vorigen Stand bei Verschulden des Anwalts, der im Lauf der Berufungsbegründungsfrist sein Mandat niedergelegt hat, ohne die Berufungsbegründungsfrist zu verlängern ZPO 2 S. 106
—, Entscheidung des Oberlandesgerichts auf Ablehnung des —s als Versagung des rechtlichen Gehörs revisibel ZPO 4 S. 147
Armenrechtsbewilligung, Wirkung für den Gegner, § 120 ZPO ZPO 1 S. 308
—, Teil— im Eheprozeß ZPO 4 S. 344
Arrest und einstweilige Verfügung **ZPO 6 S. 48—188**
— auf die Klageforderung. Verweisung in das Zwangsvollstreckungsverfahren ZPO 5 S. 13
— siehe auch Streitwert
Arrestgericht, Widerspruch gegen den Beschluß des —s auf Zuständigkeitserklärung in der Hauptsache ZPO 6 S. 60
Arresthypothek und Zwangshypothek ZPO 5 S. 296
—, Eintragung einer — auf mehreren Grundstücken als Gesamthypothek entgegen der Vorschrift des § 932 II ZPO ZPO 5 S. 307

Arresthypothek, Erwerb der — bei Eigentumswechsel und Aufhebung des Arrestes wegen mangelnder Rechtmäßigkeit ZPO 6 S. 137
Arrestpfandgläubiger des Versicherungsnehmers kann das Bezugsrecht eines Dritten auf die Lebensversicherungssumme nicht widerrufen ZPO 6 S. 174
Arrestpfändung, Wesen und Bedeutung ZPO 5 S. 13
Arrestsicherheit, Gerichtsstand des Vermögens ZPO 1 S. 67
Arzneibuch, Revision auf Grund der Verletzung einer Vorschrift des Deutschen —s ZPO 4 S. 130
Arzt, Zur Zeugnisverweigerung eines —es ZPO 3 S. 225
Ärztliches Attest, Tragung der Kosten des —n —es, das der Zeuge zur Erklärung seines Fernbleibens benötigt ZPO 3 S. 238
Auffinden im Sinne des § 580 Nr. 7b ZPO, Begriff ZPO 4 S. 235
Aufgebotsverfahren ZPO 6 S. 183—187
Aufhebung einer Hypothekvormerkung gegen Sicherheitsleistung ZPO 6 S. 88
—, Einstweilige Verfügung als Mittel zur Sicherung des Anspruchs auf Anfechtung eines erschlichenen Urteils und — der Wirkungen seiner Rechtskraft ZPO 6 S. 106
— der einstweiligen Verfügung wegen veränderter Umstände. Zulässigkeit einer besonderen Klage ZPO 6 S. 156
— und einstweilige Einstellung des Verfahrens **ZVG S. 48—61**
— des Zwangsversteigerungsverfahrens, Auslegung des § 161 IV ZVG ZVG S. 285
— des Arrestes wegen veränderter Umstände, Rechtsmittel ZPO 6 S. 76
— mangels Arrestgrundes. Schadensersatzanspruch aus § 945 ZPO ZPO 6 S. 95
—, Wirkung auf das durch seine Vollziehung begründete Pfandrecht ZPO 6 S. 153
Aufhebungsklage nach § 1041 ZPO, Geltendmachung neuer Gründe für Aufhebung des Schiedsspruchs in der mündlichen Verhandlung ZPO 6 S. 188
—, Voraussetzungen für Geltendmachung der Unzulässigkeit des schiedsrichterlichen Verfahrens wegen Ungültigkeit des Schiedsvertrages ZPO 6 S. 208
—, ohne daß die Niederlegung des Schiedsspruchs auf der Gerichtsschreiberei des zuständigen Gerichts festgestellt ist ZPO 6 S. 213
—, Beschränkte Aufhebung des Schiedsspruchs ZPO 6 S. 250
—, Zulässigkeit der —, wenn der Schiedsspruch nur im Kostenpunkt den Kläger belastet ZPO 6 S. 292
Auflassung, Erzwingung einer — nach § 887 ZPO ZPO 6 S. 17
—, Verurteilung mehrerer zur Entgegennahme der — ZPO 6 S. 23
Auflassungserklärung, Zwangsvollstreckung eines Urteils auf Abgabe einer — ZPO 6 S. 23
Auflassungsvormerkung in der Zwangsversteigerung ZVG S. 142
Auflösung der beklagten OHG und Fortsetzung des Prozesses gegen einen der früheren Gesellschafter ZPO 2 S. 179
— der Gesellschaft, Fortsetzung des Verfahrens gegen Gesellschafter, Einrede der örtlichen Unzuständigkeit ZPO 2 S. 181
— einer prozeßführenden OHG, Zur Vernehmung des ausgeschiedenen Gesellschafters als Zeuge ZPO 3 S. 203
Aufnahme des durch Konkurs unterbrochenen Verfahrens. Wirksamkeit der während der Unterbrechung vorgenommenen Prozeßhandlungen ZPO 2 S. 116
— des ausgesetzten Verfahrens durch Erklärung des Rechtsnachfolgers in mündlicher Verhandlung ZPO 3 S. 162
— des Verfahrens nach Konkurs ZPO 3 S. 319
— des durch Konkurseröffnung unterbrochenen Verfahrens durch den Konkursverwalter KO S. 22
— eines Rechtsstreits nach § 10 KO. Begriff der für den Gemeinschuldner anhängigen Rechtsstreitigkeiten KO S. 33

— des Rechtsstreits durch den Konkursverwalter im Falle der Abtretung des Anspruchs durch den Gemeinschuldner KO S. 35
— des durch Konkurseröffnung unterbrochenen Verfahrens gegenüber dem Konkursverwalter bzgl. einer nicht auf einen Geldbetrag gerichteten Forderung KO S. 383
— des unterbrochenen Verfahrens nach § 144 KO, Bedeutung und Bedingungen KO S. 491
— des Rechtsstreits durch Konkursverwalter verzögert und Feststellungsklage des Konkursgläubigers KO S. 503

Aufnahmeerklärung gemäß § 250 ZPO ZPO 2 S. 121

Aufrechnung, Erledigung des Rechtsstreits in der Hauptsache nach erfolgter —. Verteilung der Prozeßkosten ZPO 1 S. 263
—, Klagabweisung auf Grund evtl. — ZPO 3 S. 28
—, Vorabentscheidung über eine zur — gestellte Gegenforderung ZPO 3 S. 35
—, Bedeutung des Urteils, das die Klage wegen — abweist ZPO 3 S. 59
—, Rechtskraftwirkung bei Unzulässigerklärung der — und Feststellung des Nichtbestehens der Gegenforderung ZPO 3 S. 151
—, Grundurteil ohne Entscheidung über die — des Beklagten und Geltendmachung der Abtretung der Klageforderung ZPO 3 S. 192
—, Einrede der — in der Berufungsinstanz ZPO 3 S. 285
— nach Zahlungsversprechen aus § 840 Ziff. 1 ZPO ZPO 5 S. 14
— nach dem Schluß der mündlichen Verhandlung, § 767 II ZPO ZPO 5 S. 43
— gegen Schadensersatzansprüche aus § 717 II ZPO ZPO S. 65
—, Zur Geltendmachung des Anspruchs auf die Leistung des Interesses im Wege der — ZPO 6 S. 7
—, Zulässigkeit der Revision bei Klagabweisung auf Grund einer vom Beklagten eventuell zur — gestellten Gegenforderung ZPO 6 S. 137

Aufrechnung KO S. 331—360
— und Rückgewähr einer Forderung bei Anfechtung nach § 30 Nr. 2 KO KO S. 181
—, Anfechtung im Konkurs durch eventuelle —, § 41 KO KO S. 212
—, Einfluß des Zwangsvergleichs auf — im Konkurse KO S. 318
— des Gläubigers, der nach Eröffnung des Konkurses Schuldner des Gemeinschuldners geworden ist KO S. 331
— einer gegen den Gemeinschuldner unter Kenntnis seiner Zahlungseinstellung erworbenen Forderung auf eine erst nachher gegen den Gemeinschuldner begründete Schuld? § 55 III KO KO S. 332
—, Unzulässigkeit der — im Konkurse, § 55 KO KO S. 336
— eines Konkursgläubigers, wenn z. Z. der Konkurseröffnung Forderung und Schuld in seiner Person vereinigt, er aber dann seine Konkursforderung abgetreten und erst später wieder erworben hat KO S. 342
— im Konkurse zwischen der Forderung des Konkursverwalters auf Schadensersatz wegen Nichterfüllung und einer vor der Konkurseröffnung erlangten Gläubigerforderung KO S. 345
— vor Konkurseröffnung mit einer unter Kenntnis von Zahlungseinstellung durch Rechtsabtretung erworbenen Forderung KO S. 348
— im Konkurse eines persönlich haftenden, aber ausgeschiedenen Gesellschafters einer KG KO S. 626
— des Erstehers mit dem auf eine Eigentümergrundschuld entfallenen Teil des zu zahlenden Versteigerungserlöses gegen seine ausgefallene Forderung ZVG S. 210
— des Erstehers mit seiner Forderung aus einer zur Hebung gelangten Eigentümergrundschuld gegen die Forderung, mit der der frühere Grundstückseigentümer im Kaufgelderverteilungstermin die Bezahlung des Bargebots oder die Herausgabe der Bereicherung vom Ersteher verlangt ZVG S. 226

Aufrechnung von Forderungen des Erstehers gegen den Vollstrekkungsschuldner gegenüber einem Gläubiger, dem die Forderung aus dem Bargebot übertragen wurde ZVG S. 236
—, Zur Verweisung des Anfechtungsklägers durch den Anfechtungsbeklagten auf eine dem Schuldner angeblich gegen den Anfechtungskläger zustehende Forderung NebenG S. 23
— im Vergleichsverfahren gegen den Bereicherungsanspruch des Gemeinschuldners NebenG S. 149
—, Zulässigkeit des ordentlichen Rechtswegs bei — mit einer Forderung, über die ein Schiedsgericht zu entscheiden hat NebenG S. 268
Aufrechnungseinrede siehe Eventualaufrechnung
Aufrechnungseinwand des Beklagten ZPO 3 S. 151
Aufrechnungsgegner, Verzicht auf Aufrechnung. Wirkung für den Fall des Konkurses des —s KO S. 352
Aufrechnungsverbot des § 55 Nr. 1 KO auch zugunsten eines Rechtsnachfolgers des Konkursverwalters KO S. 355
Aufrechterhaltung der Ehe, Berufung der siegreichen Partei ZPO 3 S. 328
Aufsichtspflicht, Umfang der — des Konkursrichters gemäß § 83 KO KO S. 455
Aufsichtsrat siehe Aktienrechtliche Anfechtungsklage
Ausbleiben des Zeugen im Termin siehe Beschwerde und Kosten
Auseinandersetzungsverfahren, Schiedsrichter oder Schätzer? ZPO 6 S. 228
Ausfall, Zur Geltendmachung des —s nach § 64 KO KO S. 374
Ausfallsforderung, Keine Behandlung als —, wenn die anderweitige Deckung lediglich auf einer Aufrechnungsbefugnis beruht KO S. 308
— siehe auch Feststellungsklage
Ausfallsgläubiger siehe Fiduziarische Übereignung
Ausfertigung siehe Vollstreckbare —
Ausgeschiedener Gesellschafter als Zeuge, wenn im Laufe des Prozesses die klagende OHG zu bestehen aufhört ZPO 3 S. 203
— als Zeuge bei Fortbestehen der OHG ZPO 3 S. 215
Auskunftsbüro, Zur Zeugnisverweigerung des Inhabers eines —s ZPO 3 S. 220
Auskunftserteilung, Zum Anspruch auf — und auf Wertersatz wegen der *in der Vergangenheit abgehobenen* Gehaltsbeträge im Anfechtungsverfahren NebenG S. 126
Auskunftspflicht des Konkursverwalters im Falle des § 127 I KO (Pfandverwertung) ZPO 3 S. 99
— des Drittschuldners, § 840 ZPO ZPO 5 S. 260
Auslagenerstattung aus der Staatskasse an Armenanwalt NebenG S. 329
Ausland, Rechtswirkung einer im — erfolgten Verurteilung dem im inländischen Regreßprozesse Verklagten gegenüber, welchem im Vorprozeß der Streit verkündet, der aber dort dem Streitverkünder nicht beigetreten war ZPO 1 S. 170
—, Einrede der Rechtshängigkeit auf Grund eines im — anhängigen Rechtsstreits ZPO 2 S. 183
—, Ehescheidung im — ZPO 4 S. 312
—, Zustellung des Forderungspfändungsbeschlusses an den im — wohnenden Drittschuldner ZPO 5 S. 253
—, Klage auf Erfüllung eines im — ergangenen Schiedsspruchs ZPO 6 S. 195
—, Anwaltsgebühren bei Verfolgung von Rechtsangelegenheiten im — NebenG S. 353
Ausländer, Gerichtsstand des Vermögens bei Kontokorrentverkehr des verklagten —s mit Inländern ZPO 1 S. 75
—, Zur Beurteilung des Rechts eines —s zur Führung eines Namens in Deutschland nach deutschem Recht ZPO 1 S. 116
—, Befreiung ausländischer Kläger von der Verpflichtung zur Sicherheitsleistung nach § 110 II Ziff. 1 ZPO ZPO 1 S. 291
—, Scheidung von —n ZPO 4 S. 336

—, Zur Zuständigkeit der deutschen Gerichte für Ehescheidungsverfahren von —n ZPO 4 S. 347
Ausländische Forderung des inländischen Gemeinschuldners im Konkurs KO S. 50
Ausländische Währung siehe Streitwert
Ausländischer Gemeinschuldner, Inländische Rechtsverfolgung gegen einen —n— KO S. 634
Ausländischer Konkurs, Wirkung des Zwangsvergleichs auf Inland KO S. 609
Ausländischer Konkursverwalter, Zur Haftung des —n —s gegenüber einem inländischen Gläubiger KO S. 634
Ausländisches Gericht, Berücksichtigung einer durch ein — — ausgesprochenen Entmündigung ZPO 2 S. 236
Ausländisches Urteil, Anerkennung —r —e ZPO 3 S. 44, 118, 127, 134 ZPO 5 S. 60
—, Zuständigkeit für die Vollstrekkungsgegenklage gegen — — ZPO 5 S. 151
Auslegung, Über die Grenzen der Auslegungs- und Berichtigungsmöglichkeiten bei einem Zuschlagsbeschluß ZVG S. 181
— eines Prozeßvergleichs durch das Berufungsgericht in der Revisionsinstanz ZPO 4 S. 136
Aussagegenehmigung, Zeugnisverweigerungsrecht und — ZPO 3 S. 228
Ausschließliche Zuständigkeit des Landgerichts für Anfechtungs- und Nichtigkeitsfeststellungsklage gegen den Beschluß der Gesellschafterversammlung einer GmbH. Zulässigkeit der Revision nach § 547 Nr. 2 ZPO ZPO 4 S. 165
—, in dessen Bezirk das Aufgebotsgericht seinen Sitz hat, für Klage auf Anfechtung des Ausschlußurteils ZPO 6 S. 183
— bei Schaden durch Eisenbahn. Eisenbahnbetriebsinspektion keine Niederlassung im Sinne des § 21 ZPO NebenG S. 233
— bei Ansprüchen gegen Kommunalverbände wegen Amtspflichtverletzungen ihrer Beamten NebenG S. 244
— bei Ansprüchen eines Beamten gegen Deutsche Reichspost auf Grund des Unfallfürsorgegesetzes NebenG S. 245
— für Ansprüche der Reichsbahnbeamten gegen die Deutsche Reichsbahn aus ihrem Dienstverhältnis NebenG S. 246
Ausschließlicher Gerichtsstand und gerichtlich bestimmter Gerichtsstand nach § 36 Ziff. 3 ZPO ZPO 1 S. 70
Ausschließung und Ablehnung der Gerichtspersonen **ZPO 1 S. 128—185**
— der Öffentlichkeit NebenG S. 249
Ausschlußfrist, Einwand der — nach § 12 AnfGes. gegenüber der Anfechtungseinrede nach § 3 Nr. 1 AnfGes. bei Bereicherungsklage NebenG S. 141
Ausschlußurteil, Ausschließliche Zuständigkeit des Landgerichts, in dessen Bezirk das Aufgebotsgericht seinen Sitz hat, für Klage auf Anfechtung des —s ZPO 6 S. 183
Außergerichtliche Befriedigung der zur Hebung gekommenen Hypothekengläubiger. Widerspruchsklage nur noch gegen den Ersteher zulässig ZVG S. 240
Außergerichtlicher Vergleich und Revisionszurücknahme ZPO 4 S. 13
Außerordentliche Wiederaufnahme ZPO 4 S. 250
Aussetzung des Verfahrens, Unterbrechung und — **ZPO 2 S. 112—149**
—, Aufnahme des ausgesetzten Verfahrens durch Erklärung des Rechtsnachfolgers in mündlicher Verhandlung ZPO 3 S. 162
— wegen Straftat nach § 149 ZPO. Restitutionsklage ZPO 4 S. 185
— im Eheprozeß ZPO 4 S. 293
Aussonderung KO S. 278—300
— siehe auch Ersatzaussonderung, Anfechtungsrecht, Verfolgungsrecht
Aussonderungsrecht KO S. 1
— des Treuhandgebers im Konkurse des Treuhänders KO S. 395
Auswärtiger Beweisaufnahmetermin, Kostenersatz für Vertretung im —n — ZPO 1 S. 255
Auszug, Wiedergabe der Urkunde im Urkundenprozeß ZPO 4 S. 282

B

Bankfirma als Hinterlegungsstelle im Sinne des § 137 KO, Haftbarkeit KO S. 484

Bargebot, Berücksichtigung der Erhöhung des —s im geringsten Gebot ZVG S. 139

—, Rechtliche Natur der Übertragung der gegen den Ersteher auf Zahlung des —s bestehenden Forderung auf die Berechtigten. Eintragung einer Sicherungshypothek für diese Forderung auf dem versteigerten Grundstück ZVG S. 218

—, Aufrechnung von Forderungen des Erstehers gegen den Vollstreckungsschuldner gegenüber einem Gläubiger, dem die Forderung aus dem — übertragen wurde ZVG S. 236

Barzahlungspflicht des Erstehers nach § 50 ZVG. Keine entsprechende Anwendung auf andere Fälle ZVG S. 139

Bauforderung, Zur Hauptklage bei Sicherung einer — im Wege einstweiliger Verfügung durch Vormerkung ZPO 6 S. 112

Bauwerk siehe Mangelhafte Ausführung

Beamter, Zeugnispflicht und Zeugnisweigerung öffentlicher —n ZPO 3 S. 207

—, Klagen gegen —n, der vor der Klagezustellung die Beamteneigenschaft verloren hat, § 71 III GVG NebenG S. 229

—, Gebühren des als Sachverständiger fungierenden öffentlichen —n NebenG S. 371

— siehe auch Ausschließliche Zuständigkeit des Landgerichts

Beauftragter Richter, Zur Berücksichtigung des persönlichen Eindrucks des Zeugen auf den —n — bei der Beweiswürdigung ZPO 3 S. 199

Beendigung, Einfluß vorzeitiger — der schiedsrichterlichen Tätigkeit auf Vergütungsanspruch des Schiedsrichters ZPO 6 S. 239

Befangenheit, Keine Ablehnung des Schiedsgutachters wegen — ZPO 6 S. 300

Befriedigung des Arrestgläubigers aus einem zwecks Hemmung der Vollziehung des Arrestes hinterlegten Geldbetrag ZPO 6 S. 49

— des Klägers und dessen Einwilligung in die Aufhebung der durch die einstweilige Verfügung angeordneten Maßregel. Zur Frage der Erledigung des Verfahrens über die Rechtmäßigkeit der einstweiligen Verfügung in der Hauptsache ZPO 6 S. 84

—, Die auf Grund einer anfechtbaren Pfändung erfolgte — des Gläubigers schließt die Anfechtung der Pfändung und der weiterhin erfolgten — selbst nicht aus KO S. 172

— eines Konkursgläubigers im Sinne des § 30 Nr. 1 KO KO S. 220

— oder Sicherung im Sinne des § 13 III AnfGes. NebenG S. 21

— siehe auch Sicherstellung, Streitverfahren

Beginn der Zwangsvollstreckung i. Geldforderungen, § 751 ZPO ZPO 5 S. 9

Beglaubigte Vollmacht, Beschwerde des mit unbeglaubigter schriftlicher Vollmacht versehenen Prozeßbevollmächtigten für die Partei gegen Zurückweisung seines Antrags mangels —r — ZPO 1 S. 205

Beglaubigung, Vermittelung der Zustellung durch den Gerichtsschreiber. — der Abschrift des zuzustellenden Schriftsatzes durch ihn ZPO 1 S. 327

— der zuzustellenden Urteilsabschrift ZPO 2 S. 1

—, Zur Frage, welcher Rechtsanwalt die — des zuzustellenden Schriftstückes vorzunehmen hat ZPO 2 S. 51

—, Zur Frage der Verpflichtung des Urkundsbeamten der Geschäftsstelle zur — der Abschrift des zuzustellenden Schriftsatzes ZPO 2 S. 18

Begründung des Schiedsspruchs, Umfang ZPO 6 S. 188

— siehe auch Berufungs-, Revisions- und Beschwerdebegründung

Begründungsfrist, Zum Ende der—, wenn die Berufung oder Revision in den Gerichtsferien eingelegt wird ZPO 3 S. 336

— siehe auch Berufungs- und Revisionsbegründungsfrist
Begründungszwang, Umfang des —s, wenn in dem mit der Revision angefochtenen Urteile über mehrere selbständige Ansprüche zuungunsten des Revisionsklägers erkannt ist ZPO 4 S. 68
—, Umfang des —s bei der Revision, wenn in dem angefochtenen Urteil getrennte Entscheidungen über mehrere Streitpunkte enthalten sind ZPO 4 S. 73
—, Revisionssumme und — bei Revision gegen ein Urteil über eine sich aus mehreren einzelnen Forderungen zusammensetzende Gesamtforderung ZPO 4 S. 75
Begünstigung, Anfechtung eines Zwangsvergleichs im Falle heimlicher — von Gläubigern KO S. 601
Begutachtung, Hinderung des Sachverständigen an der —, Rechtsfolgen ZPO 3 S. 268
Begutachtungspflicht von Privatangestellten der Gewerbetreibenden ZPO 3 S. 271
Behörde, Zwangsvollstreckung zur Erwirkung einer Handlung, bei der die Mitwirkung einer — erforderlich ist ZPO 6 S. 8
Behördliche Genehmigung siehe Grundstückskaufvertrag
Beistände, Prozeßbevollmächtigte und — **ZPO 1 S. 202—228**
Beiträge siehe Rang
Beitrittsbeschluß, Erfordernisse des Anordnungs- und des —es im Zwangsversteigerungsverfahren. Bezugzugnahme auf den Vollstreckungstitel ZVG S. 36
Belehrungspflicht siehe Prozeßbevollmächtigter
Beleidigung durch Zeugenaussage ZPO 3 S. 250
Benachrichtigung des Anfechtungsgegners nach § 4 AnfGes. NebenG S. 60, 113
Benachteiligung siehe Gläubigerbenachteiligung
Berechnung der Revisionssumme ZPO 4 S. 68
—, wenn Geldsummen ausländischer Währung eingeklagt sind und fremde Valuta im Laufe des Rechtsstreits steigt ZPO 1 S. 22
— bei Verbindung von Prozessen und Erlaß besonderer Urteile ohne förmlichen Trennungsbeschluß ZPO 1 S. 334
—, wenn die Beschwerde die Klage und Widerklage betrifft ZPO 4 S. 48
—, wenn gegen die Erben des Schenkgebers auf Anerkennung einer Schenkung geklagt und die Revision nicht von allen Beklagten eingelegt ist ZPO 4 S. 53
—, *Wechselprotestkosten bei* — — — ZPO 4 S. 55
—, wenn von zwei Klägern der eine nur wegen Klagabweisung, der andere nur wegen Verurteilung auf Grund der gegen ihn allein erhobenen Widerklage Revision eingelegt hat ZPO 4 S. 59
Berechtigter im Sinne des § 117 ZVG ZVG S. 229
Bereicherung siehe Ungerechtfertigte —
Bereicherungsanspruch desjenigen, dessen Recht infolge eines Zuschlagbeschlusses erloschen ist ZVG S. 181
Bereicherungsklage bei Untergang der Rechte, die nicht rechtzeitig angemeldet oder glaubhaft gemacht worden sind, aus der an sich besseren Rangstellung? ZVG S. 232
—, Einwand der Ausschlußfrist nach § 12 AnfGes. gegenüber der Anfechtungseinrede, § 3 Nr. 1 Anf.-Ges. NebenG S. 141
Berichtigung von Versehen im Urteil ZPO 3 S. 8
—, Zur Zulässigkeit der Beschwerde gegen Ablehnung der — des Urteils betr. die Bezeichnung des Prozeßbevollmächtigten im Tenor ZPO 3 S. 19
— von Schreibfehlern im Urteil ZPO 3 S. 49
— des Tatbestandes eines Revisionsurteils ZPO 3 S. 80
— und Ergänzung von Urteilen, Grenzen ZPO 3 S. 139
— eines Zuschlagsbeschlusses ZVG S. 181
Berufsgenossenschaft, Eintragung einer Zwangshypothek für mehrere Forderungen einer — an Beiträgen nach dem Gewerbe-Unfallversicherungsgesetz ZVG S. 22

Berufsgenossenschaft, Rang der Beiträge der Bergwerksbesitzer nach dem Gewerbe-Unfallversicherungsgesetz an die Knappschafts — in der Zwangsversteigerung ZVG S. 342
Berufung **ZPO 3 S. 285—Ende** **ZPO 4 S. 1—48**
— unzulässig gegen Kostenurteil, das bei verschiedenartiger Erledigung der Hauptsache einheitlich über Gesamtkosten erkannt hat ZPO 1 S. 281
— gegen Schlußurteil über einen die Berufungssumme nicht erreichenden Rest der Hauptsache und über die gesamten Kosten des Rechtsstreits ZPO 1 S. 286
—, Zur Wirksamkeit eines Beschlusses des Landgerichts auf Aussetzung des Verfahrens, wenn er erst nach Einlegung der — zugestellt worden ist ZPO 2 S. 140
— gegen ein die örtliche Unzuständigkeit verwerfendes Urteil nicht zulässig ZPO 2 S. 283
—, Einlegung der — durch den Gemeinschuldner im Aktivprozeß nach Freigabe des Anspruchs durch den Konkursverwalter KO S. 43
— siehe auch Anschlußberufung, Zurücknahme der — und Widerspruchsverfahren
Berufungsanschlußschrift muß vom Berufungsanwalt eigenhändig unterzeichnet sein ZPO 4 S. 12
Berufungsantrag, Bedeutung der —e im Ehescheidungsverfahren ZPO 3 S. 297
—, Berufungsbegründung ohne formulierten — ZPO 3 S. 356
—, Erweiterung des —s nach Ablauf der Berufungsbegründungsfrist ZPO 4 S. 11
—, Beschränkung des Klägers auf Zurückweisung der Berufung, Auslegung ZPO 4 S. 26
—, Prozeßgebühr und Erweiterung des —s NebenG S. 409
Berufungsbegründung, Anforderungen ZPO 3 S. 349
— ohne formulierten Antrag ZPO 3 S. 356
— bei einheitlichem, aber verschieden begründetem Anspruch ZPO 3 S. 361
—, § 519 Abs. 1 bis 3 ZPO auf eine nach Ablauf der Begründungsfrist erfolgende Erweiterung des Berufungsantrags nicht anwendbar ZPO 4 S. 11
—, Zur — genügt Bezugnahme auf die Begründung des Prozeßbevollmächtigten eines Streitgenossen ZPO 4 S. 182
Berufungsbegründungsfrist, Verlängerung der — nicht zerlegbar in zwei Teile, bedarf nicht der förmlichen Zustellung ZPO 4 S. 1
—, Keine Unterbrechung der — durch den die Berufung als unzulässig verwerfenden Gerichtsbeschluß ZPO 4 S. 30
—, Voraussetzungen des Antrags auf Verlängerung der — ZPO 4 S. 34
—, Zur — der unselbständigen Anschlußberufung ZPO 4 S. 45
— siehe auch Begründungsfrist
Berufungsfrist, Haftung des als Armenanwalt tätigen Rechtsanwalts für Versäumung der — ZPO 1 S. 222
— bei Zustellung einer unvollständigen beglaubigten Urteilsabschrift ZPO 2 S. 65
—, Neuer Beginn der —, wenn Urteil nach Tod der Partei durch ein zweites Urteil ergänzt wird, das die Rechtsnachfolge feststellt? ZPO 3 S. 162
— siehe auch Zurücknahme
Berufungsgericht, Verhalten des —s bei ungenügendem Tatbestande des Urteils erster Instanz ZPO 3 S. 1
—, Voraussetzungen bei Erlaß des Anerkenntnisurteils durch das — ZPO 3 S. 192
—, Grenzen der Bindung des —s durch § 565 II ZPO ZPO 4 S. 85
Berufungsinstanz, Kosten der —, wenn eine Partei auf Grund neuen Vorbringens obgesiegt hat ZPO 1 S. 277
—, Zur Zurückweisung verspäteter Verteidigungsmittel in der — ZPO 1 S. 351
—, Nach rechtskräftiger Erledigung des Hilfsanspruchs kann in dem Verfahren über den Hauptanspruch in der — das Interesse eingeklagt werden, das beim Aus-

bleiben der aus dem Teilurteil geschuldeten Leistung dem Gläubiger zu erstatten ist ZPO 2 S. 210
—, Zur Geltendmachung eines bei der Entscheidung übergangenen Anspruchs in der — ZPO 3 S. 166
—, Ablehnung eines in erster Instanz vernommenen Sachverständigen in der — ZPO 3 S. 278
Berufungssumme, Fortführung des Berufungsverfahrens wegen der Kosten, wenn diese die — erreichen ZPO 3 S. 337
—, Berufung bei fehlender — ZPO 3 S. 352
—, wenn sich der Streit über die Hauptforderung erledigt hat ZPO 3 S. 358
Berufungsurteil, Aufhebung des —s wegen Mängel des Tatbestandes ZPO 3 S. 61
Beschlagnahme, Eintragung einer Zwangshypothek nach — des Grundstücks zugunsten eines anderen Gläubigers, wenn der Antrag auf Eintragung der Zwangshypothek vor der — erfolgte ZVG S. 22
Beschlußunfähigkeit des Gerichtes im Sinne des § 45 ZPO NebenG S. 220
Beschränkte Aufhebung des Schiedsspruchs ZPO 6 S. 250
Beschränkte Erbenhaftung, Verurteilung zur Abgabe einer Willenserklärung bei —r —. Zur Frage des Urteilsvollzugs ZPO 6 S. 12
Beschwer bei Entscheidung über Hilfsantrag ZPO 3 S. 174
—, Zum Erfordernis der — für die Zulässigkeit der Berufung in Ehesachen ZPO 3 S. 341
— beim Revisionskläger im Ehescheidungsverfahren ZPO 4 S. 120
Beschwerde **ZPO 4 S. 165—185** **ZVG S. 192—194**
— wegen angeblich zu niedriger Streitwertfestsetzung als — der Partei oder des Anwalts? ZPO 1 S. 7
— des mit unbeglaubigter schriftlicher Vollmacht versehenen Prozeßbevollmächtigten für die Partei gegen Zurückweisung seines Antrags mangels beglaubigter Vollmacht ZPO 1 S. 205
— gegen Ablehnung der Vertagung der mündlichen Verhandlung ZPO 1 S. 329
—, Über Zulässigkeit der — gegen die Ablehnung des Antrags, die Verhandlung zur Hauptsache anzuordnen, § 275 II ZPO ZPO 2 S. 203
—, Zur Zulässigkeit der — gegen Ablehnung der Berichtigung des Urteils betr. die Bezeichnung des Prozeßbevollmächtigten im Tenor ZPO 3 S. 19
— gegen Ablehnung eines Versäumnisurteils ZPO 3 S. 51
— des Zeugen, der vom ersuchten Richter wegen Fernbleibens zu Strafe und Kosten verurteilt worden ist. Zuständigkeit des Prozeßgerichts ZPO 3 S. 243
— bzgl. Erteilung und Verweigerung der vollstreckbaren Ausfertigung ZPO 5 S. 1
—, Voraussetzungen der — gegen einen Beschluß des Berufungsgerichts, die Zwangsvollstreckung aus dem Urteil erster Instanz nur gegen Sicherheitsleistung zuzulassen ZPO 5 S. 24
— gegen eine Anordnung nach § 926 I ZPO ZPO 6 S. 48
—, Unzulässigkeit der — gegen Anordnung der mündlichen Verhandlung entgegen dem Antrag der Partei, die einstweilige Verfügung ohne vorgängige mündliche Verhandlung zu erlassen ZPO 6 S. 87
— gegen Festsetzung von Zeugen- und Sachverständigengebühren NebenG S. 384
— siehe auch Sofortige —
Beschwerdebegründung, Kein Zwang zur — ZPO 4 S. 182
Beschwerdegericht, Bindung des unteren Gerichts bei Zurückverweisung an die Rechtsauffassung des —s ZPO 3 S. 225
Beschwerdegrund, Neuer selbständiger — im Sinne des § 568 ZPO ZPO 4 S. 176 NebenG S. 305
Beschwerdeinstanz, Wirkung der Entscheidung der —, die die Beschlagnahme des Grundstücks wiederherstellte, auf die inzwischen erfolgte Abtretung der Mietforderung ZVG S. 290

Beschwerderecht, Zum — des Gläubigers gegenüber dem Zuschlag wegen Nichtaufnahme der Kosten in das geringste Gebot ZVG S. 1
Beschwerdesumme siehe Nichtigkeitsfeststellungsklage
Beschwerdeverfahren, Die Vorschrift des § 529 II ZPO bezügl. des Vorbringens neuer Angriffs- und Verteidigungsmittel gilt nicht analog für das — ZPO 6 S. 17
Beschwerdewert, Der Streitwert als oberste Grenze für Bemessung des —s ZPO 4 S. 61
Beseitigung der Pfändungszeichen durch den Schuldner mit Zustimmung des Gläubigers, Rechtliche Wirkung ZPO 5 S. 178
Besetzung des Gerichts, Rüge der vorschriftswidrigen — muß innerhalb der Revisionsbegründungsfrist vorgebracht werden ZPO 4 S. 102
—, Voraussetzungen NebenG S. 247, 250, 253
Besitz als ein die Veräußerung hinderndes Recht im Sinne des § 771 I ZPO ZPO 5 S. 86
— eines Dritten an dem sog. tatsächlichen Zubehör und Zuschlag ZVG S. 148
Besitzdiener oder unmittelbarer Besitzer bei gepfändeten, im Gewahrsam belassenen Sachen? ZPO 5 S. 235
Besitzklage siehe Widerklage
Besondere Bestimmungen **KO S. 626—Ende**
Besonderer Vertreter für den Prozeß, § 57 ZPO ZPO 1 S. 146
Bestandteil, Eigentum an nicht wesentlichen —en einer einheitlichen Sache als ein deren Veräußerung hinderndes Recht ZPO 5 S. 118
— siehe auch Wesentliche —e
Bestätigter Zwangsvergleich und Schadensersatzanspruch KO S. 622
Bestätigung, Liegt in der Erhebung einer Klage auf Schadensersatz oder Preisminderung eine — des anfechtbaren Kaufvertrags? ZPO 2 S. 214
Bestimmung des Versteigerungstermins **ZVG S. 61—91**
Bestimmung des zuständigen Gerichts nach § 36 Ziff. 3 ZPO und ausschließlicher Gerichtsstand ZPO 1 S. 70
— nach § 36 Ziff. 3 ZPO bei Mahnverfahren ZPO 1 S. 72
— nach § 36 Ziff. 4, wenn mehrere für eine Gesamthypothek haftende Grundstücke in den Bezirken verschiedener Gerichte gelegen sind ZPO 1 S. 123
— nach *§ 36 Ziff. 3 ZPO* im Beweissicherungsverfahren, um einheitliche Vernehmung mehrerer Zeugen zu ermöglichen ZPO 1 S. 125
Betagte Forderungen, des Absonderungsberechtigten, § 65 KO KO S. 391
Beteiligter, Zwangsvergleichsbürge als — im Sinne des § 82 KO KO S. 430
Beteiligung Dritter am Rechtsstreit **ZPO 1 S. 166—202**
Betreibender Gläubiger durch Antrag, das Grundstück nach § 174 ZVG auszubieten ZVG S. 338
Betrug, Anfechtungsklage wegen Bestellung einer Hypothek durch — NebenG S. 38
— siehe auch Prozeßbetrug
Beurkundung, Erfordernisse der die Zustellung des Schiedsspruchs an die Parteien betreffenden — ZPO 6 S. 216
Bevorzugung eines Konkursgläubigers und Anfechtung des Rechtsgeschäfts durch benachteiligten Gläubiger KO S. 468
—, Voraussetzung für — einzelner Gläubiger beim Zwangsvergleich im Sinne des § 181 Satz 3 KO KO S. 607
— i m Sinne des § 5 Abs. 3 VerglO vom 5. 7. 1927 NebenG S. 156
Bewegliche Vermögen, Zwangsvollstreckung wegen Geldforderungen in das — — **ZPO 5 155—287**
Beweis durch Sachverständige **ZPO 3 S. 261—279**
— durch Urkunden **ZPO 3 S. 279—284**
—, Zum — unbestrittener Behauptungen im Urkundenprozeß ZPO 4 S. 282

Beweisaufnahme, Allgemeine Bestimmungen über die — ZPO 3 S. 194
— im Entmündigungsverfahren. Zuziehung des zu Entmündigenden? ZPO 4 S. 395
— siehe auch Beweissicherung
Beweisaufnahmetermin siehe Auswärtiger —
Beweisaufnahmeverfahren, Voraussetzungen der Anwaltsgebühr für Vertretung in einem — und der erhöhten Gebühr für Vertretung in der weiteren mündlichen Verhandlung NebenG S. 324
Beweisfälligkeit einer Partei in Punkten, die von Amts wegen zu berücksichtigen sind ZPO 2 S. 362
Beweisführung und Beweislast bei der verneinenden Abstammungsfeststellungsklage ZPO 4 S. 382
Beweisgebühr des Rechtsanwalts nach § 13 Ziff. 4 RAGebO NebenG S. 320
— bei Verkündung eines Beweisbeschlusses innerhalb des Jahres, aber erst späterer Aufnahme des Beweises NebenG S. 373
Beweiskraft siehe Privatzeugnis
Beweislast bei der negativen Feststellungsklage ZPO 2 S. 150
— im Wechselprozeß ZPO 4 S. 280
— bei Anfechtung gegen Rechtsnachfolger bzgl. Gläubigerbenachteiligung NebenG S. 75
— bei der Anfechtung eines zwischen Verwandten vorgenommenen Erfüllungsgeschäfts NebenG S. 130
— siehe auch Abstammung
Beweissicherung, Rechtsanwaltsgebühren für den Antrag auf —, zur Begründung jenes Antrags und für die Beweisaufnahme NebenG S. 305
Beweissicherungsverfahren, Bestimmung des zuständigen Gerichts nach § 36 Nr. 3 ZPO im —, um einheitliche Vernehmung mehrerer Zeugen zu ermöglichen ZPO 1 S. 125
—, Geltendmachung des Anspruchs auf Ersatz der Kosten des —s mittels Klage als selbständige Forderung oder nur zusammen mit dem Hauptanspruch? ZPO 2 S. 219
Beweistermin, Ausbleiben der Partei beim — infolge unterlassener Benachrichtigung ZPO 3 S. 194
Beweiswürdigung, Voraussetzungen ZPO 2 S. 289
—, Zur Berücksichtigung des persönlichen Eindrucks des Zeugen auf den beauftragten Richter ZPO 3 S. 199
— der im Vorprozeß abgegebenen Zeugenaussagen ZPO 3 S. 211
—, Berücksichtigung gutachtlicher Äußerungen von Personen, die nicht als Sachverständige zugezogen sind ZPO 3 S. 261
—, Freie — im Urkundenprozeß ZPO 4 S. 272
Bezeichnung des Gegenstandes einer Forderungspfändung, Anforderungen ZPO 5 S. 271
—, Wirkung des Zuschlags bei nicht hinreichend deutlicher — des Grundstücks in der Bekanntmachung des Versteigerungstermins ZVG S. 61
Bezugnahme auf die vorbereitenden Schriftsätze als Tatbestand des Urteils ZPO 3 S. 1
— auf den Inhalt anderer Schriftstücke in der Revisionsbegründung? ZPO 4 S. 99
Bezugsrecht siehe Lebensversicherung
Bietungsstunde nach § 73 ZVG. Nicht zulässig, daß sich der Zwangsversteigerungsrichter während der — in ein anderes Zimmer begibt ZVG S. 142
Bindung des unteren Gerichts bei Zurückverweisung an die Rechtsauffassung des Beschwerdegerichts ZPO 3 S. 225
— an Parteianträge ZPO 4 S. 26
—, Grenzen der — des Berufungsgerichts durch § 565 II ZPO ZPO 4 S. 85
— des Berufungsgerichts an Auslegung von Prozeßhandlungen im Revisionsurteil, § 565 II ZPO ZPO 4 S. 109
— an die Parteianträge auch im schiedsrichterlichen Verfahren ZPO 6 S. 282
Blankoindossament durch Durchstreichung eines Übertragungsvermerks bei Bestehenlassen der Unterschrift? ZPO 4 S. 280

Brief siehe Rechtsmittel
Briefgrundschuld, Pfändung einer Eigentümerbriefgrundschuld ZPO 5 S. 176
Briefhypothek, Pfändung von —en ZPO 5 S. 186, 204
—, Pfändung des Rechtes auf die künftigen Zinsen einer — ZPO 5 S. 198
Buchhalter, Zur Zeugnisverweigerung des —s einer Fabrik ZPO 3 S. 222
Bürge, Wirkung der vorläufigen Vollstreckung gegen den —n ZPO 5 S. 74
—, Anspruch des —n im Konkurs des Hauptschuldners KO S. 47, 509
—, Forderung aus Grundstücksverkauf im Konkurse des —n KO S. 523
—, Konkursabwendungsvergleich und Berufung des —n darauf KO S. 611
—, Rechtswirkung der zwischen dem Hypothekengläubiger und dem Ersteher getroffenen Vereinbarung über Bestehenbleiben der Hypothek gegenüber dem —n für die persönliche Schuld. Forthaftung des —n ZVG S. 160
— siehe auch Zwangsvergleichsbürge
Bürgerliche Rechtsstreitigkeiten, Begriff im Sinne des § 13 GVG NebenG S. 236
Bürgschaft, Verfahren nach § 109 ZPO auch bei Sicherheitsleistung durch — zulässig ZPO 1 S. 301
—, Übernahme einer — als Schenkung, wenn sie ohne Gegenleistung des Gläubigers erfolgt ZPO 2 S. 247
—, Vollstreckung des Urteils auf Befreiung von einer — ZPO 6 S. 2
—, Zur Konkursanfechtung, wenn der Gemeinschuldner eine Sicherung bestellt für die Hauptforderung einer von ihm übernommenen — KO S. 269
— siehe auch Sicherheitsleistung
Bürgschaftserklärung, Zum Beweis der — und ihrer Annahme im Urkundenprozeß ZPO 4 S. 274
—, Zur Frage der Wiederholung der — im Vergleichstermin NebenG S. 185
Büroangestellter, Verschulden eines —n des Prozeßbevollmächtigten als unabwendbarer Zufall ZPO 2 S. 73
Bürovorsteher eines Notars, Zeugnisverweigerung des —s aus § 383 Ziff. 5 ZPO ZPO 3 S. 236

C

Cessionar, Anfechtung gegen —, § 7 AnfGes. NebenG S. 54
Clausula rebus sic stantibus ZPO 3 S. 114

D

Dampfwäscherei siehe Einrichtung
Datum ohne Unterschrift als Urkunde ZPO 4 S. 272
Deckungsgeschäft, Voraussetzungen der Anfechtbarkeit eines sog. —s durch den Konkursverwalter KO S. 141
—, Anfechtung eines sog. —s, insbesondere der Zahlung einer fälligen Schuld und einer Verpfändung nach § 24 Nr. 1 KO und § 3 Nr. 1 AnfGes. NebenG S. 9
Devisensperre, Schiedsvertrag des Gemeinschuldners KO S. 328
Dienstvertrag, Vorzeitige Kündigung des —s eines Vorstandsmitglieds einer AG im Vergleichsverfahren beseitigt nicht ohne weiteres Wettbewerbsverbot NebenG S. 166
Differenzgeschäft, Zur Anfechtung des Schiedsvertrages bei Vollstreckbarerklärung des Schiedsspruchs mit der Begründung, daß das die Schiedsklausel enthaltende Geschäft als reines — ungültig sei ZPO 6 S. 192
Dingliche Klage aus einer Hypothek im Falle der Zwangsverwaltung ist gegen den Grundstückseigentümer zu richten ZVG S. 301
Dingliche Wirkung siehe Entpfändung
Dinglicher Anspruch, Zur Anfechtung des dinglichen Gläubigers nach dem AnfGes. NebenG S. 110
Dinglicher Gerichtsstand, Klage auf Löschung einer Hypothek ZPO 1 S. 34
— für Löschungsklagen, wenn sie als persönliche Klagen erhoben werden ZPO 1 S. 54

—, Bestimmung des zuständigen Gerichts für eine Klage, welche auf mehrere in den Bezirken verschiedener Gerichte belegene unbewegliche Sachen gerichtet ist, § 36 Ziff. 4 ZPO ZPO 1 S. 57
— für Klage des Hypothekenschuldners gegen angeblichen Pfändungspfandgläubiger auf Feststellung der Unwirksamkeit der Pfändung ZPO 1 S. 124
Dingliches Recht, Geltendmachung eines —n —s durch den Anfechtungsbeklagten, das ihm an den zurückzugewährenden Sachen vor der angefochtenen Rechtshandlung zustand NebenG S. 4
Doppelte Grundstückseintragung, Zuschlag bei —r— ZVG S. 72
Dritter, Beteiligung — am Rechtsstreit **ZPO 1 S. 166—202**
—, Zur Haftung der Partei für den einem —n durch ihren Prozeßbevollmächtigten zugefügten Schaden ZPO 1 S. 212
—, Feststellungsklage betr. das Rechtsverhältnis der einen Prozeßpartei zu einem —n ZPO 2 S. 305, 355
—, Zur Feststellungsklage des Aktionärs gegen einen —n auf Nichtigkeit des Vertrags dieses —n mit der Aktiengesellschaft ZPO 2 S. 310
Drittschuldner, Erklärungspflicht des —s nach § 840 ZPO und Aufrechnung des —s mit einer ihm gegen den Schuldner des Gläubigers zustehenden Gegenforderung ZPO 5 S. 14
—, Erklärungspflicht des —s u. Haftung bei unterbliebener Aufforderung zur Abgabe der Erklärungen nach § 840 ZPO? ZPO 5 S. 181
—, Rechtskraftwirkung des Urteils im Rechtsstreit zwischen Pfändungspfandgläubiger und — auf das Verhältnis zwischen Schuldner und — ZPO 5 S. 215
—, Zahlungsverbot gegen Gesellschafter einer OHG wirkt nicht gegen OHG selbst ZPO 5 S. 253
—, Auskunftspflicht des —s, § 840 ZPO ZPO 5 S. 260
— siehe auch Forderungspfandschuldner
Duldung siehe Unterlassung
Durchstreichung siehe Übertragungsvermerk

E

Echtheit der Urkunde, Beweis der — § 440 II ZPO ZPO 3 S. 282
—, Bestreiten der in erster Instanz anerkannten — in der Berufungsinstanz ZPO 4 S. 274
Eheanfechtungsgrund, Zum Ausschluß von —en, die dem Kläger im früheren Eheprozeß bereits bekannt sind ZPO 4 S. 339
Eheanfechtungsklage, Berufung der obsiegenden Partei mit dem Antrag auf Scheidung in zweiter Instanz ZPO 3 S. 328
—, Zur Erhebung der — beim Landgericht während anhängigen Scheidungsprozesses in der Revisionsinstanz ZPO 4 S. 308
— und Klage auf Herausgabe des Kindes durch rechtskräftig schuldlos geschiedene Ehefrau ZPO 4 S. 308
— Staatenloser. Zuständigkeit des Gerichts ZPO 4 S. 337
Ehefrau, Zur Frage der notwendigen Streitgenossenschaft bei Klage gegen — auf Leistung und gegen Ehemann auf Duldung der Zwangsvollstreckung in das eingebrachte Gut ZPO 1 S. 159
—, Fortführung des Rechtsstreits über eingebrachtes Gut nach dem Tod des Mannes, das dieser im eigenen Namen geltend gemacht hat ZPO 2 S. 137
—, Wechselklage gegen — und Geltendmachung des Anspruchs gegen Ehemann auf Duldung der Zwangsvollstreckung in das Vermögen der — im Wechselprozeß ZPO 4 S. 259
—, Einstweilige Verfügung gegen den Ehemann auf Zahlung eines Kostenvorschusses an den von der — bestellten Prozeßbevollmächtigten bei allgemeiner Gütergemeinschaft ZPO 6 S. 72
—, Unzulässige Rechtsausübung durch eine — aus einem mit Mitteln des schuldenden Ehemannes bewirkten Erwerbs von vollstreckbaren Titeln ZVG S. 255

Ehefrau, Aussonderung der der — des Gemeinschuldners gehörigen Gegenstände. Auslegung des § 45 KO KO S. 278
—, Pfändung des Anspruchs der — aus dem Anstellungsvertrag ihres Mannes von dessen Gläubigern. Zur Anfechtbarkeit des Anstellungsvertrags NebenG S. 68
— siehe auch Heiratsgut, Lebensversicherung
Ehegatten, Anfechtbarkeit von Gelegenheitsgeschenken an den — im Konkurs des Schenkenden KO S. 236
—, Zur Anfechtbarkeit von Verträgen, die der Schuldner mit Verwandten seines früheren —n geschlossen hat NebenG S. 57
— siehe auch Getrenntleben der —
Ehelichkeitsanfechtung eines Kindes durch Ehemann. Beitritt des Staatsanwalts als Streitgenosse auch noch im Revisionsverfahren zulässig ZPO 4 S. 369
Ehemann, Kostenvorschußpflicht des —s im Scheidungsprozeß ZPO 4 S. 295
Eheprozeß, Einlegung des Rechtsmittels im — durch den obsiegenden Kläger zwecks Zurücknahme der Klage. Kostentragung ZPO 4 S. 83
Eherecht, Grundsatz der Einheitlichkeit der Entscheidung im — auch beim Wiederaufnahmeverfahren? ZPO 4 S. 252
Ehesache, Berufung der siegreichen Partei ZPO 3 S. 328
—, Berufung zur Erhebung einer Widerklage ZPO 3 S. 341
—, Verfahren in —n **ZPO 4 S. 298—365**
—, Einheitlichkeit der Entscheidungen in — ZPO 4 S. 252, 320
—, Einstweilige Verfügung in —. Schadensersatzanspruch auf Erstattung der Unterhaltsbeiträge, die für den notdürftigen Unterhalt nicht erforderlich gewesen sind ZPO 6 S. 115
— siehe auch Gebührenvorschuß
Ehescheidung in Rußland, Zur Anerkennung des Urteils in Deutschland ZPO 3 S. 134
— im Ausland ZPO 4 S. 312
—, Berufung der mit der Eheanfechtungsklage obsiegenden Partei mit dem Begehren auf — ZPO 3 S. 328
— von Ausländern, Zur Zuständigkeit der deutschen Gerichte ZPO 4 S. 336, 347, 351, 355
—, Eigene Verfehlung des Scheidungsklägers ZPO 4 S. 361
Ehescheidungsanspruch, Verzicht auf den —, wenn Gegner in der Vorinstanz bereits die Mitschuldigerklärung erreicht hat ZPO 4 S. 324
Ehescheidungsklage, Zur Beschwerung des Revisionsklägers ZPO 4 S. 120
—, Erhebung der — durch den auf Ehescheidung verklagten Ehegatten bei einem anderen Gericht ZPO 4 S. 361
— siehe auch Wiederholung, Zuständigkeit
Ehescheidungsurteil, Vollstreckungsgegenklage gegen — ZPO 5 S. 76
Ehescheidungsverfahren, Bedeutung der Berufungsanträge im — ZPO 3 S. 297
—, Wiederaufnahme eines —s nach dem Tode des anderen ZPO 4 S. 232
—, Unzulässigkeit eines Teilurteils im — ZPO 4 S. 298
— siehe auch Tatsachen und Verzicht
Ehrverletzungen siehe Unterlassungsklage
Eid des Sachverständigen deckt auch dessen Aussage über einen von ihm vor der Beeidigung wahrgenommenen Befund ZPO 3 S. 261
Eidespflicht, Restitutionsklage bei Verletzung der — und Straferkenntnis ZPO 4 S. 228
Eidesstattliche Versicherung, Abgabe einer schriftlichen —n — eines Zeugen im Eheverfahren unzulässig ZPO 4 S. 341
Eidesverletzung, Schuldhafte — Voraussetzung für die Restitutionsklage ZPO 4 S. 231
Eidesweigerung, Anfechtung ZPO 2 S. 222
Eigener Name, Ermächtigung zur Prozeßführung im —n —n ZPO 2 S. 225, 250

Eigenhändige Unterzeichnung der Berufungsanschlußschrift durch den Berufungsanwalt ZPO 4 S. 12
Eigentümerbriefgrundschuld, Pfändung einer — ZPO 5 S. 176
Eigentümerbuchhypothek, Pfändung einer — ZPO 5 S. 174
Eigentümergrundschuld, Zur Frage der Zulässigkeit der Vorpfändung bei beabsichtigter Pfändung einer — ZPO 5 S. 52
— des *Gemeinschuldners im Konkurs* KO S. 629
—, Zeitpunkt des Erlöschens der — nach dem Zuschlag. Pfändung der — nach dem Zuschlag ZVG S. 164
—, Zur Aufrechnung des Erstehers mit dem auf eine — des Versteigerungsschuldners entfallenen Teil des zu zahlenden Versteigerungserlöses gegen seine ausgefallenen Forderungen ZVG S. 210
—, Zur Aufrechnung des Erstehers mit seiner Forderung aus einer zur Hebung gelangten — gegen die Forderung, mit der der frühere Grundstückseigentümer im Kaufgelderverteilungstermin die Bezahlung des Bargebots oder die Herausgabe der Bereicherung vom Ersteher verlangt ZVG S. 226
Eigentumserwerb durch Versteigerung ZPO 5 S. 264
Eigentumserwerbsverbot eines Grundstücks durch einstweilige Verfügung ZPO 6 S. 153
Eigentumsrecht, Zugeständnis des —s, Prozessuale Bedeutung ZPO 3 S. 53
Eigentumsschutz, § 823 I BGB gebietet nicht den — für einen anderen ZPO 6 S. 27
Eigentumsvermutung des § 1362 BGB und Anfechtung des Konkursverwalters nach § 32 Nr. 2 KO KO S. 230
Eigentumsvorbehalt, Kaufvertrag unter —. Ansprüche des Verkäufers gegen Konkursverwalter KO S. 54
—, Zur Erfüllungsablehnung durch Konkursverwalter des Verkäufers beim Kauf unter — trotz Hingabe von Wechselakzepten KO S. 97
— und Anfechtung nach § 30 KO KO S. 192
—, Ersatzaussonderung nach § 46 KO bei Verkauf unter — mit dem Zugeständnis der Weiterveräußerung KO S. 296
— siehe auch Möbel
Eigentumswechsel, Erwerb der Arresthypothek bei — und Aufhebung des Arrestes wegen mangelnder Rechtmäßigkeit ZPO 6 S. 137
Eilige Zustellungsaufträge, Pflichten des Gerichtsvollziehers ZPO 2 S. 40
Eindruck, Zur Berücksichtigung des persönlichen —s des Zeugen auf den beauftragten Richter bei der Beweiswürdigung ZPO 3 S. 199
Eingebrachtes Gut siehe Ehefrau
Einheitlichkeit der Entscheidung innerhalb desselben Rechtszuges ZPO 3 S. 167
— in Ehesachen ZPO 4 S. 320
—, Grundsatz der — — — in Ehesachen auch beim Wiederaufnahmeverfahren? ZPO 4 S. 252
Einrede der rechtskräftig entschiedenen Sache, wenn Kläger eine neue auf Verschulden des Beklagten gestützte Klage auf Ersatz der Kosten des früheren Rechtsstreits gegen ihn erhebt ZPO 1 S. 259
— der mangelnden Sicherheit für die Prozeßkosten in der Revisionsinstanz regelmäßig nicht mehr zulässig ZPO 1 S. 297
— der mangelnden Kostenerstattung, § 274 Ziff. 6 ZPO ZPO 2 S. 208
— der Rechtskraft gegenüber Klage auf Rückgewähr wucherlicher Vermögensvorteile ZPO 3 S. 22
— der Rechtskraft und der Rechtshängigkeit ZPO 3 S. 41
— der rechtskräftig entschiedenen Sache ZPO 5 S. 30
— der Arglist gegenüber dem Anfechtungskläger, §§ 2, 3 Nr. 1 AnfGes. NebenG S. 110
— siehe auch Prozeßhindernde —, und Örtliche Unzuständigkeit
Einrichtung, Zwangsvollstreckung zur Erwirkung der vollständigen Lieferung der — einer Dampfwäscherei ZPO 6 S. 20

Einstellung der Zwangsvollstreckung Beschwerde ZPO 5 S. 24
—, Einstweilige — — — in der Revisionsinstanz ZPO 5 S. 67
—, Wirkung ZPO 5 S. 90
—, Sicherheitsleistung bei — — —. Haftung der Sicherheit nur für den Verzögerungsschaden ZPO 5 S. 115
—, Einstweilige — — — der einstweiligen Verfügung ZPO 6 S. 68
Einstellungsbeschluß des Vollstrekkungsgerichts (§ 37 Nr. 5 ZVG), Form, Zustellung ZVG S. 102
Einstimmigkeit bei Schiedsgutachtenvertrag ZPO 6 S. 300
Einstweilig eingestelltes Zwangsversteigerungsverfahren. Rechtsstellung des nach der Einstellung weiterbetreibenden und der übrigen beteiligten Gläubiger ZVG S. 54
Einstweilige Anordnung siehe Sofortige Beschwerde
Einstweilige Einstellung der Zwangsvollstreckung der einstweiligen Verfügung ZPO 6 S. 68
—, Aufhebung und — — des Verfahrens **ZVG S. 48—61**
Einstweilige Verfügung, Zustellung einer —n — an den für den Hauptprozeß bestellten Prozeßbevollmächtigten ZPO 2 S. 16
— und Arrest **ZPO 6 S. 48—188**
—, Zwangsverwaltung wegen Gefährdung einer Hypothek durch — — ZVG S. 297
—, Rechtsanwaltsgebühren für Antrag auf Erlaß einer —n — NebenG S. 305
— siehe auch Streitwert und Widerspruchsverfahren
Eintragung, Zuschlag bei doppelter — des Grundstücks ZVG S. 72
Einwendungen des Gemeinschuldners gegen die Inbesitznahme einzelner Vermögensstücke durch den Konkursverwalter KO S. 20
— bei der Zwangsvollstreckung aus der übertragenen Forderung gegen den Ersteher ZVG S. 218
— gegen Gerichtskostenanforderungen im Verfahren nach § 4 GKG NebenG S. 403
— siehe auch exceptio
Einzelausgebot und Gesamtausgebot nach § 112 ZVG ZVG S. 213
Einzelrichter, Urteilsverkündung durch — ZPO 3 S. 183
Einziehungsauftrag, Klagerücknahme als Anspruchsverzicht, Wirkung auf — ZPO 2 S. 370
Eisenbahnbetriebsinspektion keine Niederlassung im Sinne des § 21 ZPO NebenG S. 233
Eltern, Feststellung des Rechtsverhältnisses zwischen — und Kindern **ZPO 4 S. 365—391**
Entlastung, Zur Gültigkeit des Gesetzes zur — des Reichsgerichts vom 17. XII. 1926 ZPO 4 S. 97
Entlastungsverordnung, § 7 — in Ehesachen ZPO 4 S. 330
Entmündigung, Anfechtung der — wegen Geisteskrankheit. Beginn des Fristenlaufs für den Entmündigten ZPO 4 S. 391
—, Verbindung des Entmündigungsverfahrens wegen Geisteskrankheit und wegen Verschwendung ZPO 4 S. 407
Entmündigungssachen, Verfahren in — **ZPO 4 S. 391—Ende**
—, Abgabe von — ZPO 4 S. 409
Entpfändung, Zur Frage der dinglichen Wirkung der — auch ohne Löschung, wenn Löschung infolge des Zuschlags nicht mehr möglich ZVG S. 240
Entscheidungsgebühr bei Zurückweisung eines Antrags auf Erlassung eines Versäumnisurteils NebenG S. 378
Entscheidungsgründe des Urteils, § 313 Ziff. 4 ZPO 3 S. 90
Entschuldigung eines ausgebliebenen Zeugen. Wege zur Ermittlung der Wahrheit ZPO 3 S. 238
Entstehung, Anfechtung einer Rechtshandlung, die schon vor der — der Forderung des Gläubigers vorgenommen worden ist NebenG S. 2
Entziehung des Armenrechts ZPO 1 S. 310
Erbanteil, Mehrheit von Pfandrechten an einem — ZPO 5 S. 225
—, Arrestpfändung eines —s. Zustellung an die Miterben ZPO 6 S. 135

Erbauseinandersetzungsvertrag, Anfechtung eines —es außerhalb des Konkurses NebenG S. 125
Erbbiologische Untersuchung zur Ausschließung der Vaterschaft eines bestimmten Mannes ZPO 4 S. 382
Erbe, Feststellungsklage betr. die blutmäßige Abstammung gegen die —n des angeblichen Erzeugers ZPO 4 S. 371
—, Entscheidungsinstanz für Haftungsbeschränkung des —n ZPO 5 S. 67
—, Haftungsbeschränkung des —n gegenüber einem im Aufgebotsverfahren ausgeschlossenen Nachlaßgläubiger ZPO 6 S. 185
Erbengemeinschaft und Unteilbarkeit des Rücktrittrechts nach § 356 BGB ZPO 4 S. 123
Erbenhaftung, Verurteilung zur Abgabe einer Willenserklärung bei beschränkter —. Zum Urteilsvollzug ZPO 6 S. 12
Erbschaft, Bes. Gerichtsstand der — für den Anspruch des Erben oder Vermächtnisnehmers auf eine dem letzten Willen des Erblassers entsprechende Art der Nachlaßverwaltung ZPO 1 S. 59
—, Möglichkeit einer Mehrheit von Gerichtsständen der — ZPO 1 S. 69
— siehe auch Testamentsvollstrecker
Erbschaftsausschlagung, Anfechtung der — seitens der Gläubiger des ausschlagenden Erben NebenG S. 51
Erfüllung des Rechtsgeschäfte KO S. 60—114
—, Zum Anspruch des Gemeinschuldners auf — des Vertrages bei Ablehnung der — des Konkursverwalters aus der Konkursmasse KO S. 60
—, Leistung auf Grund eines vorläufig vollstreckbaren Urteils als — im Sinne des § 17 KO KO S. 71
— im Sinne des § 17 KO beim Sukzessivlieferungsvertrag KO S. 82
—, Zur Ablehnung der — durch Konkursverwalter des Verkäufers beim Kauf unter Eigentumsvorbehalt trotz Hingabe von Wechselakzepten KO S. 97
—, Anfechtung der — einer Verbindlichkeit auf Grund des § 3 Nr. 1 AnfGes. NebenG S. 7
—, Zur Frage der rückwirkenden Vertragsauflösung bei Ablehnung der — im Vergleichsverfahren NebenG S. 175
Erfüllungsgehilfe, Prozeßbevollmächtigter des ersten Rechtszugs als — der Partei im Sinne der §§ 254 II, 278 BGB ZPO 1 S. 218
Erfüllungsgeschäft, Anfechtung des —s durch Konkursverwalter. Zum Nachweis außer der Benachteiligungsabsicht des Schuldners auch der Kenntnis des Anfechtungsbeklagten von dieser Absicht KO S. 161
Erfüllungsklage bezügl. eines ausländischen Schiedsspruchs ZPO 6 S. 195
— während Rechtshängigkeit der Klage des Gegners auf Aufhebung des Schiedsspruchs ZPO 6 S. 249
— gegen den Schiedsrichter ZPO 6 S. 221
Erfüllungsort siehe Gerichtsstand des —s
Erfüllungsverlangen des Konkursverwalters nach § 17 II KO und unerfüllte Ansprüche des anderen Teils als Masseforderungen KO S. 364
Erfüllungsweigerung, Schadensersatz wegen — des Konkursverwalters KO S. 68
— des Konkursverwalters und Anspruch aus ungerechtfertigter Bereicherung wegen bereits bewirkter Leistungen KO S. 88
Ergänzung des Urteils bei unterbliebener Kostenfestsetzung ZPO 3 S. 5
— und Berichtigung von Urteilen, Grenzen ZPO 3 S. 139
— des Zuschlags ZVG S. 154
—, Befugnis des Zwangsversteigerungsrichters zur — oder Änderung des Zuschlagsbeschlusses ZVG S. 173
Ergänzungsurteil, Revisionsfrist beim —, § 517 ZPO entsprechend anwendbar ZPO 4 S. 123
Erinnerung des Gemeinschuldners gegen die Art und Weise der Inbesitznahme einzelner Vermögensstücke durch den Konkursverwalter KO S. 20

Erinnerung gegen Ansatz von Zeugen- und Sachverständigengebühren NebenG S. 384
Erklärung, Anfechtung nach dem AnfGes. durch — dem Anfechtungsgegner gegenüber außerhalb eines Prozeßverfahrens unzulässig NebenG S. 44
Erklärungspflicht des Drittschuldners, § 840 ZPO ZPO 5 S. 181
Erlaßvergleich bei Verwertung der gesamten Vermögensmasse des Schuldners zugunsten der Gläubiger NebenG S. 173
—, Zum Begriff des —s NebenG S. 175
Erledigung des Rechtsstreits in der Hauptsache, Anfechtung der Kostenentscheidung bei — nach Einlegung des Rechtsmittels ZPO 1 S. 236
—, Kostenlast ZPO 1 S. 269
— nach erfolgter Aufrechnung, Verteilung der Prozeßkosten ZPO 1 S. 263
—, Bedeutung des Antrags ZPO 2 S. 261
—, Berufung nach — ZPO 3 S. 330
— durch Zahlung der Hauptsumme und Zinsen. Fortführung des Berufungsverfahrens wegen der Kosten ZPO 3 S. 337
—, Berufungssumme ZPO 3 S. 358
—, wenn Beklagte den Kläger befriedigt und letzterer in die Aufhebung der durch die einstweilige Verfügung angeordneten Maßregel willigt? ZPO 6 S. 84
Erlös, Verteilung des —es ZVG S. 194—270
— siehe auch Gesamterlös und Versteigerungserlös
Erlöschen der Eigentümergrundschuld mit Verkündung oder mit Rechtskraft des Zuschlagsbeschlusses? ZVG S. 164
— der amtlichen Tätigkeit des Zwangsverwalters mit Aufhebung der Zwangsverwaltung ZVG S. 276
Ermächtigung zur Prozeßführung im eigenen Namen ZPO 2 S. 225, 250
Ermäßigung des Klagantrags siehe Revisionssumme
Ermittlungspflicht des Richters bzgl. Verkündung von Polizeiverordnungen ZPO 2 S. 172
Ernennung von Schiedsrichtern ZPO 6 S. 212
—, Form der —. Verhältnis des Schiedsvertrages zu § 1029 ZPO ZPO 6 S. 236
—, Weigerung des zur — des Obmanns eines Schiedsgerichts Berufenen, die — vorzunehmen, unwiderruflich ZPO 6 S. 257
Eröffnungsverfahren KO S. 462—467
Ersatzaussonderung bei Verkauf unter Eigentumsvorbehalt KO S. 54
—, Zur Anwendbarkeit der — des § 46 KO auf die Einziehung fremder Forderungen durch den Konkursverwalter KO S. 289
— nach § 46 KO bei Verkauf unter Eigentumsvorbehalt mit dem Zugeständnis der Weiterveräußerung KO S. 296
Ersatzkasse siehe Konkursvorrecht
Ersatzklage nach § 893 I ZPO ZPO 6 S. 7
Ersatzleistung des Schuldners an den Gerichtsvollzieher ZPO 5 S. 81
Ersatzzustellung, Mängelheilung bei — ZPO 2 S. 63
Erschleichen eines Urteils ZPO 3 S. 70
—, Einstweilige Verfügung als Mittel zur Sicherung des Anspruchs auf Anfechtung eines erschlichenen Urteils und Aufhebung der Wirkungen seiner Rechtskraft ZPO 6 S. 106
Erstattungsanspruch als Gegenstand der Anfechtungsklage eines Angestellten einer Gemeinde. Revision bei fehlender Revisionssumme unzulässig ZPO 4 S. 160
Ersteher eines Grundstücks erwirbt kein Eigentum an den unter Eigentumsvorbehalt verkauften Möbeln, die nicht Zubehör, sondern zum persönlichen Gebrauch bestimmt sind ZVG S. 91
—, Zur persönlichen Haftung des —s für eine in der Zwangsversteigerung bestehen gebliebene Grundschuld ZVG S. 107
—, Wirkung des § 53 ZVG, wenn der — eine Hypothek übernimmt und zugleich Gläubiger der persönlichen Forderung ist ZVG S. 108
— siehe auch Aufrechnung des —s und Bargebot

Erwerb, Bestimmung des Zeitpunktes des anfechtbaren —s NebenG S. 84
—, Zur Eigenschaft des anfechtbaren —s NebenG S. 120
Erwerbsverbot eines Grundstücks durch einstweilige Verfügung ZPO 6 S. 153
Eventualaufrechnung, Klagabweisung wegen — ZPO 3 S. 28
—, Anfechtung im Konkurs durch —, § 41 KO KO S. 212
—, Vorabentscheidung über den Grund des Anspruchs ohne Berücksichtigung einer — ZPO 3 S. 48
Eventualklage, Über Zulässigkeit, denselben Anspruch auf zwei selbständige Klaggründe im Eventualverhältnis zu stützen ZPO 2 S. 326
Exceptio rei venditae et traditae gegenüber dem Herausgabeanspruch des Konkursverwalters KO S. 75

F

Fabriketablissement über mehrere Grundstücke. Verteilung des Gesamterlöses bei Versteigerung des —s. Mitversteigertes Mobiliar als Zubehör der Fabrik im ganzen oder des einzelnen Grundstücks? ZVG S. 198
Fahrlässigkeit siehe Haftung
Fährnispfändung, Wirkung des im § 862 II ZPO ausgesprochenen Verbots der — ZVG S. 281
Fälligkeit des Anspruchs auf Teilung erst nach Einleitung des Zwangsversteigerungsverfahrens ZVG S. 337
Falsus procurator siehe Nichtigkeitsklage
Faustpfandbestellung, Anfechtung einer — bzgl. einer fremden Sache, KO § 37 KO S. 153
Faustpfandrecht an Hypothekenbriefen rechtlich nicht möglich KO S. 300
—, Verwertung von Massegegenständen, an denen ein Konkursgläubiger ein — hat KO S. 472
Feriensache, Wechselsache als — NebenG S. 239
—, Wirksamkeit der Bezeichnung einer Sache als — auch für den nächsten Rechtszug NebenG S. 256
—, Erklärung zur — durch formlose Mitteilung NebenG S. 260
Fernsprecher, Telegrafische Rechtsmitteleinlegung mittels —s ZPO 3 S. 347
Feststellungsantrag, Zulässigkeit des —s über ein streitiges Rechtsverhältnis, über das die Instanz bereits durch Zwischenurteil entschieden hat ZPO 3 S. 37
—, Zulässigkeit der teilweisen Zusprechung eines negativen —s ZPO 3 S. 65
Feststellungsinteresse, Zum — nach § 265 ZPO, wenn über Schadenshöhe erst nach zeitraubender Beweisaufnahme entschieden werden kann und Schadensberechnung untunlich ZPO 2 S. 345
— gemäß § 256 ZPO bei nicht bestrittener Schadensersatzpflicht ZPO 2 S. 367
Feststellungsklage, Gerichtsstand des Erfüllungsortes bei Klage auf Feststellung des Nichtbestehens eines Kaufvertrages ZPO 1 S. 89
—, Zur Anwendbarkeit des § 93 ZPO (sofortiges Anerkenntnis) bei —n ZPO 1 S. 272
— bzgl. wiederkehrender Leistungen gegen Reich oder Staat ZPO 2 S. 250
— auf das Recht zur Entziehung des Pflichtteils bei Lebzeiten des Erblassers ZPO 2 S. 250
—, Rechtliches Interesse im Sinne des § 256 ZPO bei der Anfechtung eines Kaufvertrages wegen arglistiger Täuschung ZPO 2 S. 214
— auf Schadensersatz unter Vorbehalt der Feststellung der Höhe des Schadens in einem besonderen Verfahren ZPO 2 S. 155
—, Voraussetzungen ZPO 2 S. 205
— und Klage auf künftige Leistung ZPO 2 S. 286
— als Mittel zur Erreichung behördlicher Genehmigung eines formnichtigen Grundstückskaufvertrags ZPO 2 S. 290, 293
— betr. das Rechtsverhältnis der einen Prozeßpartei zu einem Dritten ZPO 2 S. 305, 355

Feststellungsklage des Aktionärs gegen einen Dritten auf Nichtigkeit des Vertrags von diesem Dritten mit der Aktiengesellschaft ZPO 2 S. 310
— auf Ersatz künftigen Schadens, wenn Entstehung weiteren Schadens ausgeschlossen ist ZPO 2 S. 316
—, Rechtsverhältnis als Gegenstand der — ZPO 2 S. 320
— bzgl. Tragweite eines Unterlassungsurteils ZPO 2 S. 335
—, Zulässigkeit einer — über Bestehen oder Nichtbestehen der ehelichen Gemeinschaft. Ehesache im Sinne des § 606 ZPO ZPO 4 S. 351
— des Kindes gegen die Mutter auf Feststellung seiner Unehelichkeit ZPO 4 S. 365
—, Zulässigkeit einer — auf Unzulässigkeit eines schiedsrichterlichen Verfahrens ZPO 6 S. 257
— bei Streit, ob eine Konkursforderung wegen der Pfandeigenschaft einer anderweiten Deckung des Gläubigers bloße Ausfallsforderung ist KO S. 308
— des Konkursgläubigers durch Aufnahme des Rechtsstreits KO S. 503
—, Zum Fortgang des Prozeßverfahrens, wenn auf Feststellung einer vom Verwalter bestrittenen Konkursforderung geklagt ist und der Konkurs durch Zwangsvergleich beendet wird KO S. 517
—, Ausfallsforderung nach § 64 KO und — bzgl. Anspruch auf Befriedigung für die ganze Forderung aus der Masse KO S. 552
— siehe auch Negative — und Rechnungslegung
Feststellungsurteile, Schiedssprüche, die — enthalten, können für vollstreckbar erklärt werden ZPO 6 S. 282
Feststellungswiderklage siehe Inzident-—
Fiduziarische Übereignung eines mit Hypothek belasteten Grundstücks durch den persönlichen Schuldner und späteren Gemeinschuldner. Hypothekengläubiger als Ausfallgläubiger KO S. 395
Fiduziarische Übertragung der Forderung, Gerichtsstand des Vermögens ZPO 1 S. 83
Fiskus siehe Gesetzliche Vertretung
Forderung, Zur Aussonderung von einer —, die der Gemeinschuldner vor Konkurseröffnung abgetreten hat KO S. 289
Forderungspfandschuldner, Klage des —s gegen den Drittschuldner auf Zahlung „unbeschadet des Rechts des Pfandgläubigers" sowie auf Hinterlegung oder Zahlung an den Pfandgläubiger ZPO 2 S. 229
Forderungsübertragung siehe Übertragung der Forderung
Formel des Schiedsspruchs im Vergleich zum Urteil der staatlichen Gerichte ZPO 6 S. 282
Formmangel bei Zustellung des Zahlungsbefehls, Unterbrechung der Verjährung ZPO 2 S. 241
Fortgesetzte Gütergemeinschaft, Gerichtsstand des Vermögens bei —r — ZPO 1 S. 106
Fortsetzung des Prozesses gegen einen der Gesellschafter nach Auflösung der beklagten oHG. ZPO 2 S. 179
— des schiedsrichterlichen Verfahrens nach Erlaß eines Schiedsspruchs, der im Versäumnisverfahren erlassen und deshalb aufgehoben ist ZPO 6 S. 206
Frachtbrief, Übergabe des —s und Verfolgungsrecht nach § 44 KO KO S. 279
Fragerecht des Gerichts nach § 139 ZPO ZPO 2 S. 236
Frau siehe Ehefrau
Freigabe, Zur Berufungseinlegung durch den Gemeinschuldner im Aktivprozeß nach — des Anspruchs durch den Konkursverwalter KO S. 43
— eines Miethauses aus der Konkursmasse. Einfluß auf die seit dem Konkursbeschlag rückständigen, noch nicht eingezogenen Mieten KO S. 94
Freizeichnungsklausel, Rechtliche Bedeutung der — „Lieferungsmöglichkeit vorbehalten" ZPO 3 S. 151

Fremdes Recht, Ermittlung von —m —, § 293 ZPO ZPO 2 S. 236
Fremdsprachliche Urkunden, Zur Verwendung —r — ZPO 1 S. 351
Frist für die Klage auf Aufhebung der Entmündigung, § 664 III ZPO ZPO 4 S. 391
—, Pfändung vor Ablauf der — nach § 798 ZPO. Berechnung der —. Verzicht des Schuldners auf Einhaltung der — ZPO 5 S. 69
— siehe auch Anfechtungsfrist, Begründungsfrist, Notfrist, Sperrfrist, Sprungrevision
Fristberechnung des § 73 I ZVG, wenn sich der Zwangsversteigerungsrichter in ein anderes Zimmer begibt ZVG S. 142
— bei Überleitung des Vergleichsverfahrens in das Konkursverfahren NebenG S. 163
Fristkalender siehe Rechtsanwalt
Fristverlängerung siehe Berufungs- und Revisionsbegründungsfrist
Fristverzicht im Arrestverfahren ZPO 6 S. 171
Früchte, Pfändung von —n auf dem Halm. Gewöhnliche Zeit der Reife ZPO 5 S. 163
—, Erlöschen des gesetzlichen Pfandrechts an —n des Pfandgrundstücks ZPO 5 S. 204
— in der Zwangsversteigerung, die z. Z. der Beschlagnahme noch mit dem Boden verbunden, z. Z. der Versteigerung aber abgeerntet waren ZVG S. 321
—, Zur Veräußerung abgeernteter — durch den Zwangsverwalter nach Erteilung des Zuschlags ZVG S. 321
Frühere Rechtshandlungen, Anfechtbarkeit. § 33 KO bezieht sich auch auf die Anfechtungsklage aus § 30 Nr. 2 KO KO S. 120
—, Zeitliche Schranken der auf Zahlungseinstellung beruhenden Anfechtbarkeit — r —, §§ 30 Nr. 2, 33 KO KO S. 201
Fürsorgepflicht, Revision bei Schadensersatzansprüchen von Kommunalbeamten gegen Gemeinde wegen Verletzung der — von Erreichung der Revisionssumme abhängig ZPO 4 S. 118
Fürsorgeverband, Zulässigkeit des ordentlichen Rechtswegs für Ansprüche eines Krankenhauses gegen — NebenG S. 265

G

Gebrauchsmusteranmeldung keine Urkunde im Sinne des § 580 Nr. 7 ZPO ZPO 4 S. 193
— siehe Rechtsanwaltsgebühren und Sachverständigengebühren
Gebührenberechnung bei Verbindung mehrerer Streitsachen, rückwirkende Kraft ZPO 1 S. 327
Gebührenerstattung siehe Armenanwalt
Gebührenvorschuß für die Revisionsinstanz in Ehesachen bei Anschlußrevision NebenG S. 372
Gefährdung des hypothekarischen Rechts durch Eröffnung des Konkurses über das Vermögen des Eigentümers des belasteten Grundstücks ZPO 6 S. 80
Gefälligkeitsakzept, Rechte des Verwalters bzgl. eines dem Gemeinschuldner gegebenen und von diesem verpfändeten —s KO S. 479
Gegenbeweis, Zum — des Anfechtungsbeklagten, wenn die anfechtbare Handlung in die letzten 10 Tage vor der Zahlungseinstellung oder dem Eröffnungsantrage fällt KO S. 172
Gegenforderung, Prozessuale Behandlung einer — in zweiter Instanz, wenn nur die Klagforderung entscheidungsreif ist ZPO 3 S. 285
— siehe auch Aufrechnung
Gegenseitiger Vertrag, Arrest bei Anspruch aus einem —n — ZPO 6 S. 82
Gehaltsbeträge siehe Auskunftserteilung
Gehaltsforderung siehe Geschäftsführer
Gehör, Entscheidung des Oberlandesgerichts auf Ablehnung des Armenrechts als Versagung des rechtlichen —s revisibel ZPO 4 S. 147
—, Nichtgewährung rechtlichen —s als Grund zur Aufhebung des Schiedsspruchs ZPO 6 S. 188

Geisteskrankheit, Anfechtung der Entmündigung wegen —. Beginn des Fristenlaufs für den Entmündigten ZPO 4 S. 391
—, Verbindung des Entmündigungsverfahrens wegen — und wegen Verschwendung ZPO 4 S. 407
Geldentwertung siehe Vergleich und Zwischenurteil
Geldstrafe, Zwangsvollstreckung zur Erwirkung unvertretbarer Handlungen nach Erschöpfung der zulässigen — durch Haft ZPO 6 S. 1
—, Zur Frage der Vollstreckung einer nach § 888 ZPO auferlegten — ZPO 6 S. 15
Geldsumme, Zahlung einer bestimmten — im Sinne des § 592 ZPO ZPO 4 S. 278
—, Geltendmachung eines Anspruchs auf Zahlung einer — an den Gläubiger und den Pfandgläubiger gemeinschaftlich im Urkundenprozeß ZPO 4 S. 278
Geldvergütung, Aufnahme einer — für Wiederherstellung der zerstörten Anlagen einer Grundgerechtigkeit in das geringste Gebot ZVG S. 98
Gelegenheitsgeschenk, Begriff des gebräuchlichen —s KO S. 236
Gemeinde siehe Fürsorgepflicht
Gemeine Last, Behandlung des Rückstandes aus einer —n—, die sich in einmaliger Ausübung erschöpft, im Zwangsversteigerungsverfahren ZVG S. 95
—, Beiträge der Bergwerksbesitzer nach dem Gewerbe-Unfallversicherungsgesetz an die Knappschafts-Berufungsgenossenschaft als — —. Rang in der Zwangsversteigerung ZVG S. 342
Gemeinschaftliche Klage siehe Gerichtsstand
Gemeinschuldner, Zur Befugnis des —s, persönlich ein Rechtsmittel gegen das Urteil, das trotz Konkurseröffnung gegen ihn ergangen ist, einzulegen ZPO 4 S. 71
— als Zeuge in Prozessen zur Feststellung der Passivmasse KO S. 13
—, Zum Anspruch des —s auf Vertragserfüllung bei Ablehnung der Erfüllung des Konkursverwalters aus der Konkursmasse KO S. 60
—, Rechtsverhältnis zwischen —, Konkursverwalter und — KO S. 421
Genehmigung der Prozeßführung siehe Nichtigkeitsklage
Genossenschaft, Zur Nichtigkeit und Anfechtbarkeit von Vertreterwahlen der — ZPO 2 S. 368
—, Zur Frage der Notwendigkeit der Beschwerdesumme bei Nichtigkeitsfeststellungsklagen gegen Hauptversammlungsbeschlüsse der Gesellschaften und —en ZPO 2 S. 368
—, Zulässigkeit der Revision bei Feststellung der Zugehörigkeit zu einer eingetragenen — ZPO 4 S. 82
—, Zum Absonderungsrecht der Kreditgenossenschaft am Geschäftsguthaben des Genossen für Forderungen an denselben aus erfolgter Kreditgewährung, § 51 KO KO S. 308
—, Rechtsstellung der Gläubiger einer aufgenommenen, aber noch nicht endgültig verschmolzenen — im Vergleichsverfahren NebenG S. 200
Gericht, Rüge der vorschriftswidrigen Besetzung des —s muß innerhalb der Revisionsbegründungsfrist vorgebracht werden ZPO 4 S. 102
—, Über Vereinbarung im Schiedsvertrag, nach Erlaß des Schiedsspruchs die staatlichen —e anzurufen ZPO 6 S. 266
—, Ablehnung eines Schiedsrichters nur durch das ordentliche — ZPO 6 S. 285
Gericht der Hauptsache, wenn bei dem Amtsgericht eine einstweilige Verfügung erwirkt worden ist, um dem Antragsteller Vermessungen zu ermöglichen, deren er zur Feststellung einer Forderung bedarf ZPO 6 S. 68
Gerichtlich bestimmter Gerichtsstand siehe Bestimmung des zuständigen Gerichts
Gerichtsferien und Berufungsbegründungsfrist ZPO 3 S. 336
Gerichtskostengesetz NebenG S. 370—424

Gerichtsschreiber siehe Urkundsbeamter der Geschäftsstelle
Gerichtsstand ZPO 1 S. 31—125
— bei gemeinschaftlicher Klage, wenn die Klage gegen einen Wechselverpflichteten nur zum Schein erhoben, § 603 II ZPO ZPO 4 S. 266
— bei Eheanfechtungs- oder Scheidungsklage Staatenloser ZPO 4 S. 337
— bei Vollstreckungsgegenklage ZPO 5 S. 18
— für die Widerspruchsklage nach § 771 ZPO ZPO 5 S. 45
— siehe auch Bestimmung des zuständigen Gerichts, Dinglicher —, Hauptprozeß, Örtliche Unzuständigkeit und Vereinbarter —
Gerichtsstand der unerlaubten Handlung bei Anfechtungsklagen aus § 30 KO ZPO 1 S. 31, 32f, 38
—, Gericht nicht zuständig zur Entscheidung über einen beigefügten anderen Klagegrund (Vertrag oder Quasikontrakt) ZPO 1 S. 60
— für Klagen aus § 1 Reichshaftpflichtgesetz ZPO 1 S. 100
— bei Ehrverletzungen durch die Presse ZPO 1 S. 110
—, Erfordernisse ZPO 1 S. 116
Gerichtsstand des Erfüllungsorts bei Klage auf Entschädigungsleistung wegen durch mangelhafte Ausführung verursachten Zusammensturzes eines Bauwerks ZPO 1 S. 73
— bei Klage auf Rückerstattung des für bereits übergebene Ware gezahlten Kaufpreises ZPO 1 S. 78
— bei Klagen auf Schadensersatz wegen Nichterfüllung des Kaufvertrages ZPO 1 S. 86
— bei Klage auf Feststellung des Nichtbestehens eines Kaufvertrages ZPO 1 S. 89
— bei Klage auf Wandelung eines Kaufvertrages ZPO 1 S. 92
— für die Klage auf Wandelung eines Grundstücktauschvertrages ZPO 1 S. 104
Gerichtsstand des Vermögens bei von einem Dritten hinterlegter Arrestsicherheit ZPO 1 S. 67
— bei Kontokorrentverkehr des verklagten Ausländers mit Inländern ZPO 1 S. 75
— bei fiduziarischer Übertragung der Forderung ZPO 1 S. 83
— bei Wertpapieren, insbesondere Inhaberpapieren ZPO 1 S. 96
— bei fortgesetzter Gütergemeinschaft ZPO 1 S. 106
Gerichtsverfassungsgesetz NebenG S. 220—288
Gerichtsvollzieher, Vermittlung des Zustellungsauftrags an den — durch den Urkundsbeamten der Geschäftsstelle gemäß § 166 II ZPO ohne Vorliegen einer Notfrist. Wirksamkeit der Zustellung ZPO 2 S. 23
—, Zustellung eines Urteils, bei der vom — als Auftraggeber eine andere Person als die Partei angegeben, setzt nicht Rechtsmittelfrist in Lauf ZPO 2 S. 26
—, Verteilungsstelle für Aufträge an —, Rechtsverhältnis der Partei zur Verteilungsstelle ZPO 2 S. 37
—, Pflichten des —s bei eiligen Zustellungsaufträgen ZPO 2 S. 40
—, Fehlen der Unterschrift des —s unter der Urschrift der Zustellungsurkunde ZPO 2 S. 52
—, Zur Zeugnispflicht und Zeugnisverweigerung. Pflicht zur Amtsverschwiegenheit ZPO 3 S. 207
—, Verschulden des —s bei vorzeitiger Pfändung ZPO 5 S. 69
—, Ersatzleistung des Schuldners an den — ZPO 5 S. 81
—, Schadensersatzanspruch gegen — wegen übermäßiger Ausdehnung der Versteigerung, § 818 ZPO ZPO 5 S. 170
—, Stellung des —s: Amtsperson oder Vertreter ZPO 5 S. 231, 266
—, Anforderungen an die Inbesitznahme körperlicher Sachen durch den — ZPO 5 S. 244
—, Pflichten des —s bei Pfändung von Trauben auf dem Stock ZPO 5 S. 274
—, Abführung des Erlöses der zwangsversteigerten Sachen an den Gläubiger vor Übergabe der verkauften Gegenstände ZPO 5 S. 287
—, Amtspflicht des —s bei der Pfändung KO S. 355
Geringstes Gebot. Versteigerungsbedingungen ZVG S. 91—142

Geringstes Gebot, Zum Beschwerderecht des Gläubigers gegenüber dem Zuschlag wegen Nichtaufnahme der Kosten in das — — ZVG S. 1
—, Aufnahme einer Geldvergütung für Wiederherstellung der zerstörten Anlagen einer Grundgerechtigkeit in das — — ZVG S. 98
—, Straßenanliegerbeitrag, der in das — — nicht aufgenommen worden ist, als Grundstücksbelastung gegenüber dem Ersteher des Grundstücks ZVG S. 112
—, Keine entsprechende Anwendung von § 50 ZVG, wenn eine im —n— berücksichtigte Hypothek einer darin nicht berücksichtigten im Range nachsteht ZVG S. 139
—, Ansprüche des Hypothekengläubigers, dessen Recht bei Feststellung des —n—s versehentlich übergangen worden ist ZVG S. 201
—, Zwangsversteigerung auf Betreiben des Konkursverwalters. Feststellung des —n—s ZVG S. 338
Gesamtausgebot und Einzelausgebot nach § 112 ZVG ZVG S. 213
Gesamterlös, Verteilung des —es auf mehrere Grundstücke, soweit es dabei auf die Zubehöreigenschaft mitversteigerter Mobilien ankommt ZVG S. 198
—, Verteilung des —es. Entsprechende Anwendung des § 112 ZVG, wenn die einzelnen Raumteile verschieden belastet sind ZVG S. 240
Gesamtforderung siehe Revisionssumme
Gesamtgebot, Verteilung des —s beim Zwangsverkauf mehrerer Grundstücke ZVG S. 194
Gesamthaftung, Keine — der Kostenschuldner bei verschiedener Beteiligung am Rechtsstreit NebenG S. 415
Gesamthypothek siehe Arresthypothek und Bestimmung des zuständigen Gerichts
Gesamtschuldner, Haftung der Streitgenossen für Gerichtskosten als — bei Verfolgung verschiedener Ansprüche NebenG S. 408
Gesamtschuldverhältnis gegenüber der Konkursmasse zwischen der Hinterlegungsstelle und den Mitgliedern des Gläubigerausschusses KO S. 446
Geschäftsanteil, Pfändung eines —s. Rechtsstellung des Pfändungsgläubigers den Mitgesellschaftern des Schuldners gegenüber ZPO 5 S. 235
Geschäftsführer, Kein Konkursvorrecht für Gehaltsforderung des —s einer in Konkurs geratenen GmbH KO S. 414
— siehe auch Gesellschaft mit beschränkter Haftung und Honoraranspruch
Geschäftsgebräuche, Kollegiale — der Rechtsanwälte. Einfluß auf den Inhalt der Berufspflichten ZPO 5 S. 50
Geschäftslokal, Zustellung in einem auswärtigen — ZPO 2 S. 49
Geschäftsunfähigkeit, Nachweispflicht des Nichtigkeitsklägers für seine — im Vorprozeß ZPO 4 S. 216
—, Ehescheidungsklage des im Laufe des Rechtsstreits geschäftsunfähig gewordenen Klägers und Genehmigung des Vormundschaftsgerichts zur Fortsetzung des Rechtsstreits ZPO 4 S. 310
Geschenke siehe Ehegatten
Gesellschaft mit beschränkter Haftung, Ausschließliche Zuständigkeit des Landgerichts für Anfechtungs- und Nichtigkeitsfeststellungsklage gegen den Beschluß der Gesellschafterversammlung einer —. Zulässigkeit der Revision nach § 547 Nr. 2 ZPO ZPO 4 S. 165
—, Zur Frage der Rechtswirksamkeit der Geschäfte, die von einem durch einstweilige Verfügung bestellten Geschäftsführer einer — abgeschlossen sind, bei nicht erfolgter Zustellung des Nachweises über die Hinterlegung der Sicherheit innerhalb der Vollziehungsfrist ZPO 6 S. 149
—, Anfechtung des Illationsgeschäfts durch den Konkursverwalter eines Gesellschafters KO S. 206
— siehe auch Geschäftsführer
Gesellschafter siehe Kommanditgesellschaft, Offene Handelsgesellschaft

Gesellschaftsschuld, Honoraranspruch des durch einstweilige Verfügung für eine offene Handelsgesellschaft bestellten Geschäftsführers als —? ZPO 6 S. 51
Gesetz, Beachtung eines nach Erlaß des Berufungsurteils in Kraft getretenen —es in der Revisionsinstanz ZPO 6 S. 247
Gesetzesänderung nach Verkündung des Berufungsurteils. Zur Berücksichtigung in der Revisionsinstanz ZPO 4 S. 130
Gesetzesverletzung als Revisionsgrund ZPO 2 S. 289
Gesetzliche Prozeßvertretung, Übertragung der —n — des Staates auf eine Mittelbehörde und Vertretung durch Minister ZPO 1 S. 133
Gesetzliche Vertretung, Einrede der mangelnden —n — ZPO 1 S. 135
—, Mitglieder der zur —n — des Fiskus in einem Prozeß berufenen Kollegialbehörde als Zeugen ZPO 3 S. 210
Gesetzlicher Vertreter, Kein materiell wirksames Prozeßverhältnis, wenn Kläger zugleich der einzige — — des prozeßunfähigen Beklagten (Aktienkommanditgesellschaft) ZPO 1 S. 141
—, Zur Kenntnis der Benachteiligungsabsicht bei Anfechtung des Vertrages zwischen Schuldner und Minderjährigen bei nachträglicher Genehmigung des Vertrages durch den —n — NebenG S. 104
Geständnis siehe Widerruf
Gesuch, Zustellung auf —, § 207 I ZPO ZPO 2 S. 34
Getrenntleben der Ehegatten, Einstweilige Verfügung zur Gestaltung des —s, § 940 ZPO ZPO 6 S. 74
— während des Scheidungsverfahrens siehe Streitwert
Gewerbebetrieb, Befugnis des Zwangsverwalters zur Fortsetzung des —s auf dem zwangsverwalteten Grundstück ZVG S. 303
Gewerbeunfallversicherungsgesetz siehe Berufsgenossenschaft
Gewinnbeteiligung des Rechtsanwalts NebenG S. 289
Girokonto, Zur Anfechtbarkeit der nach Zahlungseinstellung erfolgten Aushändigung von Geld oder Wertpapieren an die Reichsbank zwecks Gutschrift des Wertes auf —, § 30 Nr. 1 KO KO S. 174
Gläubiger, Pfändung von dem — seiner eigenen, im Gewahrsam des Schuldners befindlichen Sachen ZPO 5 S. 207
— siehe auch Betreibender —
Gläubigeranfechtung, Zur Eigenschaft des anfechtbaren Erwerbs, § 3 AnfGes NebenG S. 120
Gläubigerausschuß, Rechtsverhältnis zwischen Gemeinschuldner, Konkursverwalter und — KO S. 421
—, Nebenintervention der Mitglieder des —es in einem vom Konkursverwalter angestellten Anfechtungsprozesse, § 36 KO KO S. 424
—, Haftbarkeit der Mitglieder des —es wegen mangelnder Beaufsichtigung der Geschäftsführung des Konkursverwalters KO S. 426
—, Pflichten des —es und des Konkursverwalters beim Verkauf eines Grundstücks KO S. 452
— siehe auch Gesamtschuldverhältnis, Gläubigerversammlung
Gläubigerbenachteiligung, Anfechtung der Begünstigung bei einer Lebensversicherung ZPO 6 S. 174
—, Beweis der — bei Anfechtung einer Wechselverpflichtung, § 31 Nr. 2 KO KO S. 122
—, Absichtliche — des Schuldners als Voraussetzung der Anfechtung KO S. 141
— im Sinne des § 30 Nr. 1 KO bei Bestellung einer Hypothek zur Befriedigung einzelner Gläubiger KO S. 179
—, Beweis der — im Konkurs bei Anfechtung von Wechselindossamenten KO S. 182
— bei Befriedigung eines Konkursgläubigers durch einen Dritten, dem vom Schuldner wegen des Ersatzanspruchs Sicherheit bestellt ist? KO S. 214
—, Zum Begriff der —, § 30 Nr. 1 KO KO S. 220
—, Einwand gegen — beim Konkurs wegen Überschuldung KO S. 272
—, Zur Absicht der — NebenG S. 9
—, Begriff der unmittelbaren — NebenG S. 104

Gläubigerbenachteiligung, Anfechtung einer mittelbaren Zuwendung aus dem Vermögen des Schuldners wegen — NebenG S. 118
— siehe auch Erfüllungsgeschäft
Gläubigerversammlung, Beschluß einer — ohne vorherige Bekanntmachung des Gegenstandes in der Tagesordnung bei Einberufung der — KO S. 440
— kann nicht einzelne Mitglieder des Gläubigerausschusses von gesetzlichen Pflichten (Kassenprüfung) entbinden KO S. 450
Gläubigerverzeichnis, Wirkung der Aufnahme einer als anerkannt vermerkten Forderung in das berichtigte — im Vergleichsverfahren NebenG S. 154
Gleichbehandlung der Gläubiger im Vergleichsverfahren NebenG S. 156
Gleiche Rechte der Gläubiger, Auslegung des § 181 KO KO S. 591
Großer Senat, Verweisung an den —n — nach § 137 GVG NebenG S. 245
Grundbuch, Zwangsvollstreckung im Sinne des § 14 KO erst durch Eintragung im — KO S. 7
— siehe auch Sperrung
Grundbuchamt, Zur Pflicht des Zwangsversteigerungsrichters, die vom — erteilten Abschriften und Auskünfte auf ihre Richtigkeit zu überprüfen ZVG S. 44
Grundbuchberichtigung im Konkurse ZPO 3 S. 319
Grundgerechtigkeit in der Zwangsversteigerung, Aufnahme einer Geldvergütung für Wiederherstellung der zerstörten Anlagen einer — in das geringste Gebot ZVG S. 98
—, Zum Entstehen der —, wenn von zwei benachbarten Grundstücken desselben Eigentümers, deren eines in einem Verhältnisse tatsächlichen Dienens zum anderen steht, das erstere im Wege der Zwangsversteigerung verkauft wird ZVG S. 339
Grundschuld, Zur persönlichen Haftung des Erstehers für eine in der Zwangsversteigerung bestehen gebliebene — ZVG S. 107
—, Wirkung der gemäß § 91 II ZVG zwischen einem Grundschuldgläubiger und dem Ersteher über das Bestehenbleiben der — getroffenen Vereinbarung ZVG S. 185
Grundstück, Einfluß der mit rückwirkender Kraft vorgenommenen Veräußerung eines —s auf einen anhängigen Prozeß über eine fällige Mietrate ZPO 2 S. 202
—, Zwangsvollstreckung zur Erzwingung der Herausgabe von —en. Auslegung des § 885 ZPO ZPO 6 S. 27
—, Erwerbsverbot eines —s durch einstweilige Verfügung ZPO 6 S. 153
—, Begriff eines selbständigen —s ZVG S. 22
—, Wirkung des Zuschlags bei nicht hinreichend deutlicher Bezeichnung des —s in der Bekanntmachung des Versteigerungstermins ZVG S. 61
—, Umfang der Rückgewährpflicht eines —s nach § 9 AnfGes. NebenG S. 52
—, Beginn der Anfechtungsfrist nach § 3 Nr. 2 AnfGes. bei Verkauf und Eigentumsübertragung eines —s NebenG S. 104
Grundstückserwerber als Rechtsnachfolger des Veräußerers auch in seiner Eigenschaft als Vermieter, § 265 ZPO ZPO 2 S. 267
—, Übernahme des Rechtsstreits, § 266 II ZPO ZPO 2 S. 277
Grundstückskaufvertrag, Feststellungsklage als Mittel zur Erreichung behördlicher Genehmigung eines nichtigen —s ZPO 2 S. 290, 293
Grundurteil, Voraussetzungen für ein — bei mehreren Klagegründen. Fassung des —s ZPO 3 S. 151
—, Bedeutung der Rechtskraft eines —s ZPO 3 S. 169
—, Voraussetzungen für Erlaß eines —s, wenn sich der Klaganspruch aus einzelnen Teilansprüchen zusammensetzt und nur ein Teil des Gesamtschadens eingeklagt ist ZPO 3 S. 182
— ohne Entscheidung über die Aufrechnung des Beklagten und Geltendmachung der Abtretung der Klageforderung ZPO 3 S. 192

— siehe auch Vorabentscheidung und Zwischenurteil
Gutachten von Gerichtsmitgliedern im Rechtsstreit. Verwertung in einem späteren Rechtsstreit ZPO 2 S. 353
—, Zur Form des Sachverständigen—s ZPO 3 S. 261
— siehe auch Schiedsgutachter
Gute Sitten siehe Sittenwidrigkeit
Gütergemeinschaft siehe Fortgesetzte — und Kostenvorschuß
Guter Glaube, Wirkung des —n —s des Erwerbers der gepfändeten Sache an das Zurechtbestehen des Pfändungspfandrechts ZPO 5 S. 247

H

Haager Ehescheidungsabkommen ZPO 4 S. 351
Haft, Zwangsvollstreckung zur Erwirkung von unvertretbaren Handlungen nach Erschöpfung der zulässigen Geldstrafe durch — ZPO 6 S. 1
Haftpflichtgesetz, Streitwert nach § 10 II GKG bei Rentenansprüchen aus unerlaubter Handlung und aus dem — NebenG S. 401
Haftpflichtrente, Anmeldung, Berechnung und Schätzung einer — im Konkurs des Schuldners KO S. 416
Haftpflichtversicherungsforderung, Zwangsvergleich zur Aufhebung des Konkurses eines Ersatzpflichtigen. Geschädigter kann danach volle Befriedigung aus der — verlangen KO S. 622
Haftung, Zur — der Partei für den durch ihren Prozeßbevollmächtigten einem Dritten zugefügten Schaden ZPO 1 S. 212
— des Staates für Verschulden des Gerichtsvollziehers ZPO 5 S. 69
— des Drittschuldners nach § 840 II ZPO ZPO 5 S. 181
— des Schiedsrichters bei seiner Spruchtätigkeit für Fahrlässigkeit? ZPO 6 S. 126
—, Persönliche — des Konkursverwalters aus Vertrag mit Absonderungsberechtigtem über dessen Befriedigung KO S. 444
— des Konkursverwalters bei Nichtaufnahme der Forderung eines Konkursgläubigers in das Schlußverzeichnis KO S. 575
Haftungsbeschränkung des Erben, Entscheidungsinstanz ZPO 5 S. 67
— des Erben gegenüber einem im Aufgebotsverfahren ausgeschlossenen Nachlaßgläubiger ZPO 6 S. 185
Handakten siehe Zurückbehaltungsrecht
Handelsgebräuche, Zur Anwendung räumlich beschränkter — ZPO 3 S. 324
Handelsgeschäft, Schuldenhaftung bei Erwerb eines —s im Konkurse KO S. 476
Handlung siehe Vertretbare —, Nicht vertretbare — und Zwangsvollstreckung
Handwerk, Begriff im Sinne der Gewerbeordnung ZPO 1 S. 263
Hauptintervention und Nebenintervention ZPO 1 S. 166
—, Voraussetzungen der Zulässigkeit, § 64 ZPO ZPO 1 S. 173
— und notwendige Streitgenossenschaft 185 ZPO 1 S. 185
Hauptklage bei Sicherung einer Bauforderung im Wege einstweiliger Verfügung durch Vormerkung ZPO 6 S. 112
Hauptprozeß, Gericht des —es, § 34 ZPO. Begriff ZPO 1 S. 65
—, Gerichtsstand des —es. Begriff des „Prozeßbevollmächtigten" im Sinne des § 34 ZPO ZPO 1 S. 98
Hauptsache, Entscheidung in der — und Kostenbeschwerde ZPO 1 S. 247
—, Kostentragung bei Rechtsstreit ohne Entscheidung in der — ZPO 1 S. 259
—, Berufung unzulässig gegen Kostenurteil, das bei verschiedenartiger Erledigung der — einheitlich über Gesamtkosten erkannt hat ZPO 1 S. 281
— im Sinne des § 927 II ZPO ZPO 6 S. 76
—, Zum Pfändungspfandrecht des Arrestgläubigers bei rechtskräftiger Abweisung der Forderung im Verfahren über die — ZPO 6 S. 130

Hauptsache, Rückgabe der vom Arrestkläger geleisteten Sicherheit erst, wenn auch die — zu seinen Gunsten rechtskräftig entschieden ist ZPO 6 S. 132
— siehe auch Erledigung des Rechtsstreits in der — und Gericht der —
Häusliche Gemeinschaft, Wiederholung von Ehescheidungsklagen wegen Aufhebung der —n —, § 55 EheGes. ZPO 4 S. 362
Heilung der Mängel der Zustellungsurkunde durch Nachweis der ordnungsmäßigen Zustellung in anderer Weise ZPO 2 S. 49
— der mangelhaft erhobenen, in der mündlichen Verhandlung ergänzten oder berichtigten Klage durch unterlassene Rüge ZPO 2 S. 191
—, Nachträgliche — der örtlichen Unzuständigkeit ZPO 2 S. 195
—, Rüge des Mangels der gesetzmäßigen Vertretung in der Revisionsinstanz. — des Mangels durch Genehmigung ZPO 4 S. 104
— des Zuständigkeitsmangels bei der Ehescheidungsklage ZPO 4 S. 364
Heiratsgut, Anfechtung der Sicherstellung des —s der Ehefrau, § 31 Nr. 2 KO KO S. 136
Hemmung der Verjährung bei einer Nachlaßforderung ZPO 2 S. 265
Herabsetzung der Anwaltsvergütung im Rechtswege NebenG S. 348
— der dem Rechnungsbeamten zu zahlenden Gebühren siehe Verwaltungszwangsverfahren
Herausgabe, Zwangsvollstreckung zur Erwirkung der — von Sachen **ZPO 6 S. 1—46**
—, Zwangsvollstreckung zur Erzwingung der — von Grundstücken. Auslegung des § 885 ZPO ZPO 6 S. 27
Herausgabeanspruch des Konkursverwalters und exceptio rei venditae et traditae KO S. 75
Herausgabeklage siehe Kind
Hilfsantrag, Beschwer bei Entscheidung über Hilfsantrag ZPO 3 S. 174
Hinderung des Sachverständigen an der Begutachtung. Rechtsfolgen ZPO 3 S. 268
Hinterlegung, Geltendmachung eines Anspruchs auf — einer Geldsumme im Urkundenprozeß? ZPO 4 S. 278
— als Erfüllung, § 853 ZPO ZPO 5 S. 165
— des Schuldbetrags nach § 372 BGB. Verteilungsverfahren unzulässig, wenn Forderung sowohl abgetreten wie gepfändet ist ZPO 5 S. 318
— *eines Geldbetrages behufs Hemmung der Vollziehung des Arrestes.* Rechte des Arrestgläubigers an dem Geldbetrag ZPO 6 S. 49
—, Anspruch des Arrestgläubigers, wenn an den durch — eines Geldbetrages freigewordenen Pfandstücken ein wirksames Pfändungspfandrecht nicht begründet war ZPO 6 S. 64
—, Bestätigung des Arrestes bei — des im Arrestbefehl festgestellten Geldbetrages trotz inzwischen erfolgten Konkurses des Schuldners ZPO 6 S. 92
—, Zur Rechtswirksamkeit der Geschäfte, die von einem durch einstweilige Verfügung bestellten Geschäftsführer abgeschlossen sind, bei nicht erfolgter Zustellung des Nachweises über die — der Sicherheit innerhalb der Vollziehungsfrist ZPO 6 S. 149
Hinterlegungsstelle, Bestimmung einer — in der Gläubigerversammlung ohne vorherige Bekanntmachung in der Tagesordnung. Wirksamkeit KO S. 440
—, Zur Haftung der — bei Rückzahlung ohne Mitzeichnung der Quittung durch ein Mitglied des Gläubigerausschusses KO S. 440
— im Konkurse als Beteiligte im Sinne der §§ 82, 89 KO KO S. 446
—, Bankfirma als — im Sinne des § 137 KO, Haftbarkeit KO S. 484
— siehe auch Gesamtschuldverhältnis
Honorar siehe Rechtsanwaltsgebühren und Rechtsanwaltsvergütung
Honoraranspruch des durch einstweilige Verfügung für eine offene Handelsgesellschaft bestellten Geschäftsführers als Gesellschaftsschuld? ZPO 6 S. 51

Honorarzahlung, Zur Anfechtbarkeit von —en an eine mit der Sanierung eines notleidenden Unternehmens beauftragte Vertrauensperson KO S. 254
Hypothek, Streitwertberechnung bei Anfechtungsklagen bzgl. eines mit —en belasteten Grundstücks ZPO 1 S. 14
—, Klage auf Löschung einer —; Gerichtsstand der belegenen Sache ZPO 1 S. 34
—, Pfändung einer Eigentümerbuchhypothek ZPO 5 S. 174
—, Pfändung von Briefhypotheken ZPO 5 S. 186
—, Vollstreckung eines Urteils, welches den Beklagten zur Beseitigung einer auf den Grundstücken des Klägers eingetragenen — verurteilt hat ZPO 6 S. 4
—, Anspruch des die Bestellung einer — anfechtenden Konkursverwalters auf Löschung der — KO S. 132
—, Gläubigerbenachteiligung im Sinne des § 30 Nr. 1 KO bei Bestellung einer — zur Befriedigung einzelner Gläubiger KO S. 179
—, Anfechtung einer vom Gemeinschuldner bestellten — durch den Konkursverwalter KO S. 198
—, Anfechtung einer nach Konkurseröffnung eingetragenen — KO S. 216
—, Wirkung des § 53 ZVG, wenn der Ersteher eine — übernimmt und zugleich Gläubiger der persönlichen Forderung ist ZVG S. 108
—, Keine Barzahlung des Erstehers nach § 50 ZVG auf eine im geringsten Gebot nicht berücksichtigte —, auch wenn sie einer darin berücksichtigten im Range vorging ZVG S. 139
—, Rechtswirkung einer Vereinbarung zwischen dem Hypothekengläubiger und dem Ersteher des Grundstücks über Bestehenbleiben der — gegenüber dem Bürgen für die persönliche Schuld ZVG S. 160
—, Übergehung einer — bei Feststellung des geringsten Gebots. Ansprüche des Hypothekengläubigers ZVG S. 201
—, Zwangsverwaltung wegen Gefährdung einer — durch einstweilige Verfügung ZVG S. 297
—, Anfechtungsklage weg. betrüglicher Bestellung einer — NebenG S. 38
— siehe auch Rechtshängigkeitseinrede, Rechtskraftwirkung und Vormerkung
Hypothekenbestellung für den Regreßanspruch aus einem aus Gefälligkeit gegebenen Wechsel. Anfechtungsanspruch nach § 3 Nr. 1 AnfGes. NebenG S. 108
Hypothekenbrief, Ersetzung der Übergabe des —s bei der Pfändung durch Pfändung des Anspruchs auf Herausgabe des —s gegen den Dritten ZPO 5 S. 186
—, Zur Kraftloserklärung eines —s im Wege des Aufgebotsverfahrens, wenn sich der zur Herausgabe verurteilte Besitzer des —s der Zwangsvollstreckung entzieht ZPO 6 S. 185
—, Zurückbehaltungsrecht an —en im Konkurse? KO S. 300
Hypothekeneintragung, Anfechtung einer —. Inhalt des Klageantrags. Passivlegitimation NebenG S. 115
Hypothekengläubiger, Einstweilige Verfügung zur Sicherung des dinglichen Rechts des —s auf die Mieten des belasteten Grundstücks ZPO 6 S. 80
—, Beschlagnahme von Mietzinsen durch den — ZVG S. 19
—, Zur Zustellung des Beschlusses, durch welchen der Anspruch eines —s auf den Versteigerungserlös nach erteiltem Zuschlag gepfändet wird ZVG S. 145
—, Zulässigkeit der Widerspruchsklage nur noch gegen den Ersteher nach außergerichtlicher Befriedigung der zur Hebung gekommenen — ZVG S. 240
—, Rechtsstellung des —s bei Beschlagnahme der Mietzinsen des belasteten Grundstücks für ihn im Zwangsverwaltungsverfahren ZVG S. 285
—, Rangordnung zwischen dem betreibenden persönlichen Gläubiger und einem ihm mit seiner Kapitalforderung beitretenden — bei Verteilung der Überschüsse ZVG S. 293

Hypothekengläubiger, Anfechtung durch — bei Entfernung von Zubehör NebenG S. 92
— siehe Fiduziarische Übereignung
Hypothekenklage im Falle der Zwangsverwaltung ist gegen den Grundstückseigentümer zu richten ZVG S. 301
— siehe auch Rechtskraft

I

Illationsgeschäft, Anfechtung des —s durch den Konkursverwalter eines Gesellschafters der GmbH KO S. 206
Immissionen, Zwangsvollstreckung bei Verurteilung zur Unterlassung übermäßiger — ZPO 6 S. 22
Indossament siehe Blankoindossament, Prokuraindossament, Wechselindossament
Indossierung siehe Wechsel
Inhaberpapiere siehe Wertpapiere
Inhaberscheck, Zur Bedeutung der Übersendung eines —s an eine Bank von ihrem Kunden „zur Gutschrift" ZPO 3 S. 108
Inkrafttreten des Urteils, wodurch eine einstweilige Verfügung aufgehoben wird, mit Verkündung ZPO 6 S. 56
Innere Tatsachen, Zeugenbeweis über sog. — — ZPO 3 S. 201
Interesse, Zur Geltendmachung des Anspruchs auf Leistung des —s im Wege der Aufrechnung ZPO 6 S. 7
Internationales Konkursrecht KO S. 50
Internationales Privatrecht und Namensführung ZPO 1 S. 116
Inzident-Feststellungsklage, Gegenstand der — ZPO 3 S. 37
Inzident-Feststellungswiderklage, Voraussetzungen ihrer Zulässigkeit ZPO 2 S. 301
Irrtum, Zum Schadensersatzanspruch aus § 945 ZPO, wenn sich erst durch spätere Ermittlungen ergeben hat, daß die Besorgnis der Vereitelung der Vollstreckung des Urteils auf — beruhte ZPO 6 S. 125
—, Zur Anfechtung einer Willenserklärung wegen —s über ihre Rechtsfolgen KO S. 82
—, Zur Anfechtung eines bei der Versteigerung abgegebenen Meistgebots wegen —s im Prozeßwege ZVG S. 151
— siehe auch Prozeßvollmacht, Rechtsirrtum und Widerruf

J

Jahreskosten, Fälligkeit der Gerichtsgebühren und Auslagen mit dem Ablauf eines Jahres seit Bestimmung des ersten Termins NebenG S. 373
Jahresrechnung, Kostenschuldner bei Klage und Widerklage nach dem GKG bei Aufstellung der — NebenG S. 386
Judikatsklage, Voraussetzungen ZPO 2 S. 47
Juristische Person, Bewilligung des Armenrechts an — —, § 114 IV ZPO ZPO 1 S. 323
—, Zwangsvollstreckung zur Erzwingung von Duldungen und Unterlassungen bei —n — ZPO 6 S. 9

K

Kanalisationsgebühren genießen nicht das Konkursvorrecht des § 61 Nr. 2 KO, fallen aber unter öffentliche Abgaben im Sinne des § 70 III GVG KO S. 385
Kapitalzahlung siehe Kraftwagenunfall
Kartellschiedsgerichte können auch in der Satzung eines als Verein gestalteten Kartells vorgesehen werden. Form ZPO 6 S. 289
Kassenärztliche Vereinigung siehe Konkursvorrecht
Kaufgelderbelegungstermin, Zum Verlangen der Beteiligten im —, das Gesamtgebot nach einem anderen als dem gesetzlich vorgesehenen Maßstab auf mehrere Grundstücke zu verteilen ZVG S. 194
Kaufgelderverteilungstermin siehe Eigentümergrundschuld
Kaufmann, Zum Zeugnisverweigerungsrecht des —s ZPO 3 S. 231
Kaufmannseigenschaft des Gemeinschuldners KO S. 3
Kaufpreisforderung, Kundenwechsel und — im Vergleichsverfahren NebenG S. 196

Kenntnis, Über den Begriff der—, durch welche die Anfechtungsfrist des § 664 III ZPO in Lauf gesetzt wird ZPO 4 S. 405
Kind, Klage auf Herausgabe der —er durch rechtskräftig schuldlos geschiedene Ehefrau und Eheanfechtungsklage des Ehemannes ZPO 4 S. 308
—, Feststellung des Rechtsverhältnisses zwischen Eltern und —ern **ZPO 4 S. 365—391**
—, Pfändungsverbot nach § 850 I Nr. 3 ZPO wirkt auch gegenüber unterhaltsberechtigten —ern ZPO 5 S. 242
—, Zum Konkursvorrecht der —er des Gemeinschuldners KO S. 408
Klagänderung, Voraussetzungen ZPO 2 S. 197, 277
— bei der negativen Feststellungsklage ZPO 2 S. 222
—, Geltendmachung von Forderungsteilen, die während des ersten Rechtszuges auf den Kläger zurückübertragen sind ZPO 2 S. 229
— bei Übergang von der Unterlassungsklage auf die Schadensersatzklage ZPO 2 S. 243
—, wenn zur Begründung eines negatorischen Anspruchs rechtsverletzende Tatsachen geltend gemacht werden, die sich erst im Laufe des Rechtsstreits ereignet haben? ZPO 2 S. 258
—, wenn neben Leistungsanspruch später Anspruch auf Rechnungslegung erhoben wird? ZPO 2 S. 326
—, Ausdrückliche Erörterung und Begründung der Zulassung der — im Urteil notwendig? ZPO 2 S. 353
— bei Geltendmachung neuer Aufhebungsgründe in der mündlichen Verhandlung über die Klage auf Aufhebung eines Schiedsspruchs? ZPO 6 S. 189
— bei Abänderung des Anfechtungsanspruchs von § 24 KO auf § 23 KO KO S. 118
— bei Abänderung des Anfechtungsanspruchs von § 31 Nr. 1 KO auf § 40 II Nr. 1 KO KO S. 233
Klagantrag, Heilung des Mangels durch Änderung des —s in der mündlichen Verhandlung ZPO 2 S. 191
—, Unbezifferter — bei Klagen auf Geldleistung. Bedeutung der Angabe eines geforderten Mindestbetrags ZPO 2 S. 306
— bei Anfechtung einer Hypothekeneintragung. Passivlegitimation NebenG S. 115
— siehe auch Abstammung
Klage, Wahrung der Anfechtungsfrist des § 41 I KO nur durch schlüssige —? KO S. 244
— auf Nichtigkeitserklärung eines Zuschlagsbeschlusses gegen den Versteigerungsbeamten und den Ersteher unzulässig ZVG S. 132
Klageberechtigung, Zum Namensrecht eines nicht eingetragenen Vereins ZPO 1 S. 146
Klageerhebung, Zur Beschwerde gegen eine Anordnung der — nach § 926 I ZPO ZPO 6 S. 48
—, Hauptklage und Antrag auf Aufhebung der einstweiligen Verfügung wegen nicht erfolgter — ZPO 6 S. 112
—, Berücksichtigung eines erst nach der — erlangten vollstreckbaren Titels bei der Anfechtungsklage nach § 2 AnfGes. NebenG S. 29
—, Erneute — siehe Rechtskraft
Klageerweiterung, Schriftlich angekündigte, in der mündlichen Verhandlung aber nicht vorgetragene — bei Berechnung der Prozeßgebühr NebenG S. 323
Klagegrund, Gerichtsstand der unerlaubten Handlung. Gericht nicht zuständig zur Entscheidung über einen beigefügten anderen — (Vertrag oder Quasikontrakt) ZPO 1 S. 60
—, Voraussetzungen für ein Grundurteil bei mehreren —en und Fassung desselben ZPO 3 S. 151
—, Einführung eines neuen —es bei der Restitutionsklage ZPO 4 S. 201
Klagenhäufung, Örtliche Zuständigkeit bei — ZPO 1 S. 112
Klagenmehrheit in Ehesachen ZPO 4 S. 308
— und Ehescheidung ZPO 4 S. 361

Klagerücknahme, Bedeutung für die Verjährung des Anspruchs ZPO 2 S. 228
— nach Einlassung des Beklagten zur Hauptsache. Bindung des Klägers an die — bei Verweigerung der Einwilligung des Beklagten ZPO 2 S. 276
— ohne Einwilligung des Beklagten bei Vorbringen prozeßhindernder Einreden aber Verhandlung zur Hauptsache unzulässig ZPO 2 S. 338
—, Verpflichtung zur — und Arglisteinwand des Beklagten, wenn Kläger Rechtsstreit fortsetzt ZPO 2 S. 361
— als Anspruchsverzicht. Wirkung auf Einziehungsauftrag ZPO 2 S. 370
—, Einlegung des Rechtsmittels im Eheprozeß durch den obsiegenden Kläger zwecks —. Kostentragung ZPO 4 S. 83
Klagezustellung, Nachholung der — ZPO 2 S. 252
Kleinabnehmerverträge auf Lieferung von Wasser, Gas, Elektrizität siehe Wasserlieferungsvertrag
Kollegialbehörde, Mitglieder der zur gesetzlichen Vertretung des Fiskus in einem Prozeß berufenen — als Zeugen ZPO 3 S. 210
Kommanditgesellschaft, Aufrechnung im Konkurse eines persönlich haftenden, aber ausgeschiedenen Gesellschafters einer — KO S. 626
Kommissionär, Konkurs des —s KO S. 65
Kommunalverbände, Ausschließliche Zuständigkeit der Landgerichte bei Ansprüchen gegen — wegen Amtspflichtverletzung ihrer Beamten NebenG S. 244
Konkurrenzverbot siehe Vertragsstrafe
Konkurs, Aufnahme des durch — unterbrochenen Verfahrens. Wirksamkeit der während der Unterbrechung vorgenommenen Prozeßhandlungen ZPO 2 S. 116
—, Unfallrenten im — des Geschädigten ZPO 2 S. 316
—, Verfahrensaufnahme nach — ZPO 3 S. 319
—, Verfrühte Pfändung und Absonrungsrecht im — ZPO 5 S. 83
—, Gefährdung des hypothekarischen Rechts durch Eröffnung des —es über das Vermögen des Eigentümers des belasteten Grundstücks ZPO 6 S. 80
— des Schuldners. Bestätigung des Arrestes bei Hinterlegung des im Arrestbefehl festgestellten Geldbetrages ZPO 6 S. 92
—, Unterbrechung des schiedsrichterlichen Verfahrens durch — ? ZPO 6 S. 225
—, Rechtsanwaltsgebühren bei Anmeldung einer Teil-Forderung im — des Schuldners NebenG S. 338
— siehe auch Anfechtungsklage
Konkursbeschlag und Zwangsverwaltung KO S. 94
Konkursdividende, Neben dem Gläubiger, der — für seine volle Forderung erhält, kann der Mitverpflichtete, der einen selbständigen Regreßanspruch geltend macht, keine — beanspruchen, auch nicht bei Zwangsvergleich KO S. 494
Konkurseröffnung, Unzulässigkeit der — kann dem klagenden Konkursverwalter nicht entgegengehalten werden KO S. 438
— siehe auch Gemeinschuldner
Konkursforderung, Anspruch des Grundstückseigentümers infolge Aufrechnung auf Löschung einer Hypothek des Gemeinschuldners — oder Aussonderungsanspruch ? ZPO 3 S. 319
—, Vertragsstrafe wegen Zuwiderhandlung des Gemeinschuldners gegen ein Konkurrenzverbot nach Konkurseröffnung als — KO S. 29
— siehe auch Anmeldung
Konkursgläubiger **KO S. 372—420**
—, Ausübung des von dem — erstrittenen Anfechtungsrechtes durch den Konkursverwalter NebenG S. 17
—, Anfechtungsrecht des —s, § 13 AnfGes. NebenG S. 21
— siehe auch Nachtragsverteilung
Konkursmasse, Unzulänglichkeit der Masse im Sinne des § 60 KO, Voraussetzungen KO S. 360
Konkursrecht, Allgemeine Bestimmungen **KO S. 1—59**

Konkursrichter, Über den Umfang der Aufsichtspflicht des —s gemäß § 83 KO KO S. 455
—, Entschuldbarer Rechtsirrtum des —s KO S. 530
Konkurstabelle, Eintragung einer im Prüfungstermin anerkannten Saldoforderung und Anfechtungsklage des Konkursverwalters gegen einzelne Posten des Saldos KO S. 501
—, *Restitutionsklage* gegen Eintragung in die — KO S. 507
—, Wirkung der Eintragung einer festgestellten Forderung in die — den Konkursgläubigern gegenüber auch außerhalb des Konkurses wie ein rechtskräftiges Urteil KO S. 513
—, Erteilung von beglaubigten Auszügen aus — an Konkursgläubiger von Amts wegen KO S. 530
—, Wirkung der Feststellung zur — KO S. 578
Konkursteilnahmerecht und Zwangsversteigerung ZVG S. 185
Konkursverfahren, Allgemeine Bestimmungen **KO S. 421—462**
—, Einfluß der Beendigung des —s auf Erfüllungsverweigerung des Konkursverwalters KO S. 68
—, Fristberechnung bei Überleitung des Vergleichsverfahrens in das — NebenG S. 163
Konkursvermerk, Sperrung des Grundbuchs durch Eintragung des —s KO S. 41
Konkursverwalter, Zur Auskunftspflicht des —s im Falle des § 127 I KO ZPO 3 S. 99
—, Entbindung des Notars als Zeugen von der Verpflichtung zur Verschwiegenheit durch — oder Gemeinschuldner ZPO 3 S. 240
—, Zur Frage des Beitritts des Gemeinschuldners zum Rechtsstreit des —s als Nebenintervenient KO S. 11
—, Rechtliche Stellung KO S. 13
—, Schadensersatzanspruch des —s wegen Nichterfüllung. Aufrechnung KO S. 345
—, Rechtsverhältnis zwischen Gemeinschuldner, — und Gläubigerausschuß KO S. 421
—, Pflichten des Gläubigerausschusses bzgl. Überwachung der Geschäftsführung, insbes. Kassenverwaltung des —s KO S. 426
—, Pflichten des —s und des Gläubigerausschusses beim Verkauf eines Grundstücks KO S. 452
—, Rechtsstellung des —s gegenüber den Massegläubigern bei Aufhebung des Konkurseröffnungsbeschlusses KO S. 462
—, Zwangsversteigerung auf Betreiben des —s. Feststellung des geringsten Gebots ZVG S. 338
—, Einwendungen des —s gegen die Verpflichtung, die Gerichtskosten eines der Konkurseröffnung vorhergegangenen Geschäftsaufsicht-Verfahrens als Massekosten zu begleichen NebenG S. 403
— siehe auch Haftung
Konkursvorrecht für Zollforderungen geht mit dem Zollanspruch des Reichs auf den zahlenden Zollbürgen über KO S. 402
— der Kinder des Gemeinschuldners KO S. 408
— des Steuerfiskus KO S. 541
— des Treuhandinstituts? KO S. 548
—, Ist eine Forderung als einfache Konkursforderung festgestellt, so kann ein — nachträglich nicht mehr festgestellt werden KO S. 555
— zugunsten einer kassenärztlichen Vereinigung für Forderungen ihrer Mitglieder im Konkurs einer Ersatzkasse, § 91 Nr. 4 KO KO S. 555
— des § 80 VAG. und Transportversicherung KO S. 561
— für Forderungen, die bereits ohne Vorrecht festgestellt worden sind KO S. 561
—, Rückversicherung und — nach § 80 VAG. Aufnahme der Forderung in die laufende Rechnung bei der Gemeinschuldnerin KO S. 581
Kontokorrentsaldo, Anmeldung eines —s im Konkurse. Abänderung und Berichtigung einzelner gebuchter Ansprüche KO S. 538

Kontokorrentverhältnis, Zur Befreiung der Konkursmasse von Ansprüchen der Trassanten von Wechseln bei Zahlung der Konkursdividende auf Wechselakzept des Gemeinschuldners KO S. 566
Kontokorrentverkehr, Gerichtsstand des Vermögens bei — des verklagten Ausländers mit Inländern ZPO 1 S. 75
Kontradiktorisches oder Versäumnisurteil bei Nichterscheinen des Berufungsklägers, wenn Berufung nicht statthaft oder nicht ordnungsgemäß eingelegt ist ZPO 3 S. 290
Körperliche Sachen, Inbesitznahme —r — durch den Gerichtsvollzieher, Erfordernisse ZPO 5 S. 244
Körperschaft des öffentlichen Rechts, Feststellungsinteresse bei der — — — — ZPO 2 S. 345
Kosten einer nur angekündigten Widerklage ZPO 1 S. 250
—, Tragung der — des ärztlichen Attestes, das der Zeuge zur Erklärung seines Ausbleibens benötigt ZPO 3 S. 238
— des im Eheprozeß zwecks Klagerücknahme eingelegten Rechtsmittels ZPO 4 S. 83
—, Zulässigkeit der Aufhebungsklage, wenn der Schiedsspruch nur durch die — den Kläger belastet ZPO 6 S. 292
—, Zum Beschwerderecht des Gläubigers gegenüber dem Zuschlag wegen Nichtaufnahme der — in das geringste Gebot ZVG S. 1
— siehe auch Berufungssumme und Prozeßkosten
Kostenbeschluß, Zulässigkeit der Revision gegen einen—, der unter Nichtbeachtung der gesetzlichen Erfordernisse ergangen ist ZPO 4 S. 162
Kostenbeschwerde, Zur —, wenn gegen die Entscheidung in der Hauptsache kein Rechtsmittel gegeben sein würde ZPO 1 S. 247
Kostenentscheidung, Rechtsmittel gegen Entscheidung über Kostenpflicht des Prozeßvertreters ZPO 1 S. 216
—, Anfechtung einer —, wenn die Anfechtung nur den Kostenpunkt zum Gegenstande hat ZPO 1 S. 228
—, Anfechtung der — bei Erledigung des Rechtsstreits in der Hauptsache nach Einlegung des Rechtsmittels ZPO 1 S. 236
—, Anfechtbarkeit der — ZPO 2 S. 351
—, Einwendungen gegen die — ZPO 5 S. 42
Kostenerstattung an einzelne Streitgenossen bei deren Vertretung durch gemeinsamen Anwalt ZPO 1 S. 241
— des früheren Verfahrens, Prozeßhindernde Einrede aus § 274 Ziff. 5 ZPO ZPO 2 S. 165
—, Einrede der mangelnden —, § 274 Ziff. 6 ZPO ZPO 2 S. 208
Kostenerstattungsanspruch, Über den sachlich rechtlichen — ZPO 1 S. 278
—, Zur Entstehung des —s. Über Zeitpunkt des Vorbringens der Einwendungen der in § 767 II ZPO gedachten Art wie Stundung, Vergleich gegen den — ZPO 1 S. 283
Kostenerstattungspflicht des Prozeßgegners bei dem Inzidentverfahren auf Sicherung des Beweises NebenG S. 305
Kostenfestsetzung, Ergänzung des Urteils nach § 321 ZPO bei unterbliebener — ZPO 3 S. 5
Kostenfestsetzungsbeschluß, Anwaltszwang bei Beschwerden gegen den späteren landgerichtlichen — ZPO 4 S. 172
—, Zwangsvollstreckungsgegenklage erstreckt sich nicht auf — ZPO 5 S. 63
Kostenvorschuß, Zur Rückzahlung des —es nach Bewilligung des Armenrechts ZPO 1 S. 305
—, Einstweilige Verfügung gegen den Ehemann auf Zahlung eines —es an den von der Ehefrau bestellten Prozeßbevollmächtigten bei allgemeiner Gütergemeinschaft ZPO 6 S. 72
Kostenvorschußpflicht des Ehemannes im Scheidungsprozeß ZPO 4 S. 295

Kraftfahrzeughalter siehe Reich
Kraftloserklärung siehe Hypothekenbrief
Kraftwagenunfall, Schadensersatz durch Kapitalzahlung, Voraussetzungen ZPO 3 S. 169
Krankenhaus siehe Fürsorgeverband
Krankenhausinsasse, Ersatzzustellung an —n ZPO 2 S. 63
Kreditgenossenschaft siehe Genossenschaft
Kreditnehmer siehe Absonderungsrecht
Kundenwechsel und Kaufpreisforderung im Vergleichsverfahren NebenG S. 196
Kündigung durch den Prozeßbevollmächtigten in der mündlichen Verhandlung ZPO 1 S. 207
— von Schiedsrichterverträgen ZPO 6 S. 242
— des Mietverhältnisses durch Vermieter für den Fall des Konkurses des Mieters. Restliche Mietzinsforderung als Schadensersatz KO S. 399
— des Mietvertrages bei der Zwangsversteigerung ZVG S. 118
— einer Rentenschuld während des Zwangsversteigerungsverfahrens ZVG S. 168
— siehe auch Dienstvertrag und Pachtverhältnis
Künftige Forderung, Ankündigung der Pfändung einer —n — ZPO 5 S. 211
Künftige Leistung, Klage auf — — nach § 259 ZPO ZPO 2 S. 247
—, Klage auf — — und Feststellungsklage ZPO 2 S. 286
—, Klage auf — —, wenn Leistung infolge von Kriegsmaßnahmen z. Z. unmöglich und ungewiß ist, ob und wann sie wieder möglich sein wird ZPO 2 S. 370
Künftiger Schaden, Feststellungsklage auf Ersatz —n —s, wenn Entstehung —n —s ausgeschlossen ist ZPO 2 S. 316

L

Ladungen, Termine, Fristen **ZPO 2 S. 67—72**
—, Zustellung durch Post bei — nach § 244 II 1 ZPO ausgeschlossen ZPO 2 S. 132
— der Zeugen, Berechnung von Schreibgebühren ZPO 3 S. 197
Ladungsfrist beim Einspruch gegen ein Versäumnisurteil ZPO 2 S. 70
Landesrecht, Über die Grenzen der Revisibilität reichsrechtlicher Vorschriften, die im Bereich irrevisiblen —s gelten ZPO 4 S. 141
Landgericht siehe Ausschließliche Zuständigkeit des —s
Landwirtschaftliche Erzeugnisse siehe Früchte
Lebensversicherungsvertrag zugunsten eines Dritten. Rechtsnachfolger im Falle des Todes des Versicherungsnehmers ZPO 2 S. 119
—, Zum Widerruf des Bezugsrechts eines Dritten auf die Versicherungssumme durch Arrestpfandgläubiger des Versicherungsnehmers ZPO 6 S. 174
— zugunsten eines Dritten und Anwartschaft desselben vor Eintritt des Versicherungsfalls KO S. 178
—, Anfechtung der Zuwendung an einen Dritten aus einem — durch den Konkursverwalter im Nachlaßkonkurs des Versicherungsnehmers KO S. 178
— des Ehemannes zugunsten der Ehefrau. Anfechtung der Zahlung der zwei letzten Jahresprämien nach § 32 Nr. 2 KO KO S. 187
—, Zur Anfechtbarkeit der Umwandlung eines —s in einen Vertrag zugunsten bestimmter Dritter im Konkurs über den Nachlaß des Versicherungsnehmers KO S. 189
Leibgedinge in der Zwangsversteigerung ZVG S. 355
Leistung, Zwangsvollstreckung zur Erwirkung der — von Sachen ZPO 6 S. 20
— siehe auch Künftige —
Leistungsverweigerung im Sinne des § 41 Abs. 2 KO siehe Widerspruch
Lieferung, Zwangsvollstreckung zur Erwirkung der vollständigen — der Einrichtung einer Dampfwäscherei ZPO 6 S. 20
Liquidator, Zur Abberufung eines —s einer offenen Handelsgesellschaft im Wege der einstweiligen Verfügung ZPO 6 S. 53

Lizenzvertrag mit gesellschaftlichem Einschlag im Vergleichsverfahren. Teilbarkeit der Leistungen des Lizenzgebers NebenG S. 211
Löschung der auf Grund einer einstweiligen Verfügung eingetragenen Hypothekvormerkung bei Sicherheitsleistung ZPO 6 S. 88
—, Klage des Grundstückseigentümers auf Bewilligung der — einer nichtigen Vormerkung, wenn der Anspruch, der durch die Vormerkung gesichert werden sollte, rechtsbeständig ist ZPO 6 S. 146
— siehe auch Hypothek, Vormerkung
Löschungsklagen, Zum Gerichtsstand der —, wenn sie als persönliche Klagen erhoben werden ZPO 1 S. 54

M

Mahnverfahren, Bestimmung des zuständigen Gerichts nach § 36 Ziff. 3 ZPO bei — ZPO 1 S. 72
—, Rückbeziehung der Verjährungsunterbrechung auf den Tag des Gesuchs um Erlaß des Zahlungsbefehls ZPO 2 S. 57
—, Sachliche Zuständigkeit bei Widerspruch nur gegen einen Teil des Zahlungsbefehls ZPO 2 S. 161
—, Umwandlung des auf sofortige Zahlung gerichteten Anspruchs in einen betagten oder bedingten im ordentlichen Verfahren ZPO 2 S. 247
Mängel der zuzustellenden Ausfertigung, Berufungsfrist ZPO 2 S. 65
Mangelhaft erhobene Klage und Rügeverzicht ZPO 2 S. 191
Mangelhafte Ausführung, Gerichtsstand des Erfüllungsortes bei Klage auf Entschädigungsleistung wegen durch — — verursachten Zusammensturzes eines Bauwerks ZPO 1 S. 73
Mängelheilung bei Ersatzzustellung ZPO 2 S. 63
Massegläubiger KO S. 360—372
—, Anspruch der — auf Befriedigung oder Sicherstellung bei Aufhebung des Konkurseröffnungsbeschlusses KO S. 462
Masseschulden, Forderungen des Wasserwerks gegen Kleinabnehmer KO S. 107
Mehrere Grundstücke, Eintragung einer Zwangssicherungshypothek wegen derselben Forderung auf — — ZPO 5 S. 306
—, Eintragung einer Zwangshypothek auf — — ZVG S. 22
—, Verteilung des Gebotes beim Zwangsverkauf —r — ZVG S. 194
Mehrere selbständige Beschwerdepunkte, Revisionsbegründung ZPO 4 S. 95
Mehrere selbständige Streitpunkte siehe Begründungszwang
Mehrheit von Pfandrechten an einem Erbanteil ZPO 5 S. 225
Mehrheitsbeschluß, Zur Verpflichtung des Schiedsgutachters, das dem — entsprechende Gutachten zu unterzeichnen ZPO 6 S. 296
Mehrverkehr siehe Mutter
Meistbietender, Amtspflicht der das Zwangsversteigerungsverfahren leitenden Beamten gegenüber dem —n ZVG S. 88
Meistgebot, Zur Anfechtung eines bei der Versteigerung abgegebenen —s wegen Irrtums im Prozeßwege ZVG S. 151
Miete, Versteigerung des vermieteten Grundstücks. Fälligkeit der Hypothek, die auf dem Grundstück für den Mieter eingetragen ist ZVG S. 218
—, Rechtliche Folgen der Einleitung der Zwangsverwaltung auf die —. Wirksamwerden der Beschlagnahme ZVG S. 270
—, Pfändung von —n durch Ersuchen um Eintragung des Zwangsverwaltungsvermerks beim Grundbuchamt und Vorpfändung ZVG S. 281
— siehe auch Freigabe eines Miethauses und Hypothekengläubiger
Mietforderung, Zur Wirksamkeit der Abtretung der — bei Wiederherstellung des Beschlagnahmebeschlusses über das Grundstück durch die Beschwerdeinstanz ZVG S. 290
Mietkündigung im Konkurs KO S. 399

— bei der Zwangsversteigerung ZVG S. 118
Mietrate siehe Grundstück
Mietvertrag siehe Untermieter
Mietzinsen, Beschlagnahme von — durch den Hypothekengläubiger ZVG S. 19
—, Rechtsstellung des Hypothekengläubigers bei Beschlagnahme der — des belasteten Grundstücks für ihn im Zwangsverwaltungsverfahren ZVG S. 285
—, Pfändung des Nießbrauchers eines Grundstückes der seinem Nießbrauch unterliegenden — ZVG S. 285
—, Anfechtung der Abtretung der —en seitens der Gläubiger des Abtretenden NebenG S. 83
Minderjähriger als Partei im Rechtsstreit ZPO 2 S. 355
— siehe auch Gesetzlicher Vertreter
Mindestbetrag siehe Klagantrag
Miteigentum als ein die Veräußerung hinderndes Recht im Sinne des § 771 ZPO. ZPO 5 S. 118
Miterbe, Streitwert bei der Miterbenklage ZPO 1 S. 26
—, Streitwert, wenn — Nachlaßforderung gegen —n geltend macht ZPO 1 S. 28
—, Arrestpfändung eines Erbanteils. Zustellung an die —n ZPO 6 S. 135
Miterbenanteil, Pfändung eines —s. Testamentsvollstrecker ist Drittschuldner ZPO 5 S. 224
Mitgesellschafter, Pfändung eines Geschäftsanteils. Rechtsstellung des Pfändungsgläubigers den —n des Schuldners gegenüber ZPO 5 S. 235
Mitgliedschaft, Bes. Gerichtsstand der — im Falle einer Rechtsnachfolge auf der Aktiv- oder Passivseite ZPO 1 S. 81
Mitschuldantrag und Zurückweisung wegen verspäteten Vorbringens ZPO 3 S. 363
Mittelbare Zuwendung aus dem Vermögen des Schuldners. Anfechtung wegen Gläubigerbenachteiligung NebenG S. 118
Mitversteigerte fremde Gegenstände, Anteil des Eigentümers an dem Versteigerungserlös ZVG S. 76
Mitwirkendes Verschulden, Einwand des —n —s gegenüber der Rechtskraftwirkung nach § 68 ZPO bei Nebenintervention ZPO 1 S. 197
— durch Nichtzahlung einer vollstreckbaren Schuld bei Amtsversehen eines pfändenden Beamten? ZPO 5 S. 256
— des Arrestbeklagten bei Erwirkung des Arrestes ZPO 6 S. 158
Möbel, Unter Eigentumsvorbehalt verkaufte — gehen, wenn sie nicht Zubehör des Gasthofs sind, sondern zum persönlichen Gebrauch des Gasthofsbesitzers bestimmt sind, bei der Zwangsversteigerung des Grundstücks nicht auf den Ersteher über ZVG S. 91
Mündliche Verhandlung ZPO 1 S. 326—Ende
—, Entscheidung ohne — — im Ehescheidungsprozeß und Urteilszustellung ZPO 4 S. 330
—, Keine Beschwerde gegen Anordnung der —n — entgegen dem Antrag der Partei, die einstweilige Verfügung ohne vorgängige — — zu erlassen ZPO 6 S. 87
Mutter, Zur Ablehnung der Vernehmung der — eines unehelichen Kindes als Zeugin über ihren Mehrverkehr in der Empfängniszeit ZPO 3 S. 258

N

Nacherbe, Verpflichtung zur Aufnahme des durch den Tod des Vorerben unterbrochenen Verfahrens durch den —n ZPO 2 S. 129
Nachlaß siehe Testamentsvollstrecker
Nachlaßgläubiger, Haftungsbeschränkung des Erben gegenüber einem im Aufgebotsverfahren ausgeschlossenen — ZPO 6 S. 185
Nachlaßkonkurs, Anfechtung der Zuwendung an einen Dritten aus einem Lebensversicherungsvertrag durch den Konkursverwalter im — des Versicherungsnehmers KO S. 178
—, Zur Anfechtbarkeit der Umwandlung eines Lebensversicherungsvertrags in einen Vertrag zugunsten bestimmter Dritter im — des Versicherungsnehmers KO S. 189

Nachlaßkonkurs, Löschung einer Zwangshypothek, die nach Eintritt des Erbfalls auf einem Nachlaßgrundstück eingetragen worden ist KO S. 640
Nachlaßverwaltung siehe Erbschaft
Nachprüfungsrecht des Prozeßrichters siehe Vollstreckbarer Schuldtitel
Nachträgliche Geltendmachung von Angriffs- und Verteidigungsmitteln in der Berufungsinstanz ZPO 3 S. 339
Nachtragsverteilung, Vormerkung eines nicht befriedigten Konkursgläubigers auf einem dem Gemeinschuldner gehörigen, dem Konkursverwalter unbekannt gebliebenen Grundstück, bei der — KO S. 562
—, Voraussetzung der nachträglichen Ermittlung von Vermögensstükken, die zur Konkursmasse gehören, § 166 II KO KO S. 572
Nachverfahren, Folgen der rechtskräftigen Erledigung des —s auf ein im Wechselprozeß noch schwebendes Rechtsmittel gegen das Vorbehaltsurteil ZPO 4 S. 271
— nach § 600 ZPO bei Abweisung des Klägers im Urkundenprozeß „angebrachtermaßen" ZPO 4 S. 285
—, Vorbehaltsurteil des Urkundenprozesses bindend für die Entscheidung im —. Umfang der Bindung ZPO 4 S. 287
— siehe auch Richter
Namensführung siehe Ausländer
Namensrecht eines nicht eingetragenen Vereins, Klageberechtigung ZPO 1 S. 146
Nebenabkommen beim Zwangsvergleich, Voraussetzungen für Nichtigkeit nach § 181 Satz 3 KO KO S. 607
Nebenforderung im Sinne des § 4 ZPO ZPO 1 S. 18
Nebenintervenient, Zur Befugnis des —en, selbständig Rechtsmittel einzulegen ZPO 1 S. 166
—, Wechsel der Hauptpartei ZPO 1 S. 175
—, Durchführung der Berufung des —en bei Zurücknahme der Berufung der Hauptpartei ZPO 3 S. 324
Nebenintervention ZPO 1 S. 166—202
— und Hauptintervention § 67 ZPO, Begriff ZPO 1 S. 166
—, Rechtsmittel gegen die Entscheidung, daß eine — als unzulässig verworfen werde ZPO 1 S. 169
—, Verletzung der §§ 68, 74 III ZPO betrifft nicht das Verfahren, § 554 III Nr. 2b ZPO ZPO 4 S. 79
— des Gemeinschuldners KO S. 11
— der Mitglieder des Gläubigerausschusses in einem vom Konkursverwalter angestellten Anfechtungsprozeß, § 36 KO KO S. 424
Negative Feststellungsklage, Beweislast ZPO 2 S. 150
—, Klageänderung bei der —n — ZPO 2 S. 222
— und Vollstreckungsgegenklage ZPO 2 S. 261
—, Bedeutung des die — — abweisenden Urteils ZPO 2 S. 299
—, Rechtsschutzinteresse bei Erhebung der Leistungsklage durch den Beklagten? ZPO 2 S. 338
— eines Vaters über Nichtabstammung eines unehelichen Kindes von ihm nach erfolgter rechtskräftiger Verurteilung über Abstammung ZPO 2 S. 356
— bzgl. zweier Ansprüche, Abweisung mit der Begründung, daß mindestens einer daran bestehe, unzulässig ZPO 2 S. 356
—, Rechtskraft ZPO 3 S. 193
—, Rechtsnachfolge bei der —n — ZPO 5 S. 141
Negatorischer Anspruch siehe Klagänderung
Neue Angriffs- und Verteidigungsmittel, Vorschrift des § 529 II ZPO bzgl. des Vorbringens —r — — — gilt nicht analog für das Beschwerdeverfahren ZPO 6 S. 17
Neues Vorbringen, Kosten der Berufungsinstanz, wenn eine Partei auf Grund —n —s obgesiegt hat ZPO 1 S. 277
Nicht-Erscheinen des Berufungsklägers. Versäumnisurteil oder kontradiktorisches Urteil bei — des Berufungsklägers, wenn Berufung nicht statthaft oder nicht ordnungsgemäß eingelegt ist ZPO 3 S. 290
Nicht rechtsfähiger Verein siehe Verein

Nicht vertretbare Handlung, Zwangsvollstreckung ZPO 6 S. 1
—, die ausschließlich vom Willen des Schuldners abhängt, Zwangsvollstreckung ZPO 6 S. 8
—, Vollstreckung der nach § 888 ZPO auferlegten Geldstrafe auf Betreiben der Partei ZPO 6 S. 15
Nichtigkeit, Zur Streitwertberechnung bei Klagen auf — eines Kaufvertrages ZPO 1 S. 21
— eines Rechtsgeschäfts und Zuständigkeitsvereinbarung über das Gericht ZPO 1 S. 127
—, Zur — und Anfechtbarkeit von Vertreterwahlen der Genossenschaft ZPO 2 S. 368
— des Abkommens zwischen einer OHG und einem vor Konkurseröffnung ausgeschiedenen Gesellschafter über Übernahme des durch den Zwangsvergleich nicht gedeckten Betrages? KO S. 594
— eines Nebenabkommens bei einem Zwangsvergleiche. Voraussetzungen derselben KO S. 607
Nichtigkeitserklärung, Klage auf — eines Zuschlagsbeschlusses gegen den Versteigerungsbeamten und den Ersteher unzulässig ZVG S. 192
Nichtigkeitsfeststellungsklage, Zur Frage der Notwendigkeit der Beschwerdesumme bei —n gegen Hauptversammlungsbeschlüsse der Gesellschaften und Genossenschaften ZPO 2 S. 368
Nichtigkeitsklage gegen ein Versäumnisurteil, das dem für den Nichtigkeitskläger aufgetretenen falsus procurator zugestellt und nicht mit Einspruch angefochten war ZPO 4 S. 188
— mit Antrag auf Erstattung des auf Grund des nichtigen Urteils beigetriebenen Betrags vereinbar, nicht mit Anspruch auf Zinsen ZPO 4 S. 204
— wegen mangelnder gesetzlicher Vertretung von Minderjährigen, Voraussetzungen für ausdrückliche oder stillschweigende Genehmigung der Prozeßführung nach § 579 Nr. 4 ZPO ZPO 4 S. 212
Nichtigkeitskläger, Nachweispflicht des —s bezüglich seiner Geschäftsunfähigkeit im Vorprozeß ZPO 4 S. 216
—, Einfluß des Konkurses des —s auf das Patentstreitverfahren KO S. 59
Niederlassung, Gerichtsstand der — ZPO 1 S. 121
— siehe auch Eisenbahnbetriebsinspektion
Niederschrift, Behandlung der vorbereitenden — einer Zeugenaussage durch den vernehmenden Richter ZPO 3 S. 250
Nießbrauch an einer verzinslichen Hypothekenforderung. Anspruch des Nießbrauchers gegenüber dem den Ausfall der Hypothek Verschuldenden ZVG S. 48
—, Zwangsverwaltung über ein mit — belastetes Grundstück. Rechtsstellung des Zwangsverwalters gegenüber dem Nießbraucher ZVG S. 278
—, Zur Pfändung des Nießbrauchers der seinem Nießbrauchsrecht unterliegenden Mietzinsen ZVG S. 285
Notar, Entbindung des —s als Zeugen von der Verpflichtung zur Verschwiegenheit durch Konkursverwalter oder Gemeinschuldner ZPO 3 S. 240
Notarielle Urkunde siehe Vollstrekkungsklausel
Notfrist, Vermittlung des Zustellungsauftrags an den Gerichtsvollzieher durch den Urkundsbeamten der Geschäftsstelle gemäß § 166 II ohne Vorliegen einer —. Wirksamkeit der Zustellung ZPO 2 S. 23
—, Zustellungsfrist des § 207 II ZPO ZPO 2 S. 29
—, Wahrung der — aus § 586 I ZPO durch Erhebung der Restitutionsklage ZPO 4 S. 241
— des § 586 I ZPO, Über Beginn der — ZPO 4 S. 246
Notfristzeugnis, Postgebühr für — NebenG S. 406
Nutzungen, Zur Rückgewähr der — bei erfolgreicher Anfechtung der Übertragung eines nutzbringenden Wertes NebenG S. 76

O

Oberlandesgericht, Beschwerde gegen Entscheidungen der —e, wenn diese auf Verletzung wesentlicher Prozeßgrundsätze gestützt wird ZPO 4 S. 179

Obsiegende Partei, Berufung der —n — ZPO 3 S. 328

Offenbarungseid, Verbindung der Klage auf Vorlegung eines Vermögensverzeichnisses, Leistung des —es und Zahlung der geschuldeten Summe. Notwendigkeit eines Teilurteils. ZPO 2 S. 205

—, Abnahme des —es nach § 807 ZPO bei Nichtvorlage eines ordnungsmäßigen Vermögensverzeichnisses ZPO 6 S. 46

Offenbarungspflicht beim Vertragsschluß ZPO 3 S. 151

Offene Handelsgesellschaft, Zur Frage der notwendigen Streitgenossenschaft zwischen der —n — und ihren Gesellschaftern ZPO 1 S. 161

—, Pfändung von Forderungen gegen eine — — ZPO 5 S. 253

—, Honoraranspruch des durch einstweilige Verfügung für eine — — bestellten Geschäftsführers als Gesellschaftsschuld? ZPO 6 S. 51

—, Zur Abberufung des Liquidators einer —n — im Wege der einstweiligen Verfügung ZPO 6 S. 53

—, Zwangsvergleich bei Konkurs einer —n—. Haftung des Gesellschafters, der vor Konkurseröffnung ausgeschieden ist KO S. 594

— siehe auch Auflösung, Ausgeschiedener Gesellschafter, Unentgeltliche Verfügung, Vollbeendigung einer —n —

Öffentliche Abgaben, Kanalisationsgebühren als — — im Sinne des § 61 Nr. 2 KO und des § 70 III GVG? KO S. 385

Öffentliche Urkunden, Beweis gegen — — ZPO 3 S. 279

Öffentliche Zustellung, Nachprüfung der örtlichen Zuständigkeit ZPO 2 S. 21

— eines Versäumnisurteils, wenn sich die Notwendigkeit der —n — erst nach Erlaß des Urteils herausstellt ZPO 2 S. 27

—, Form der Entscheidung ZPO 2 S. 31

— eines Urteils, in dem die beklagte Firma als OHG bezeichnet, der Inhaber in Wahrheit aber Einzelkaufmann ist ZPO 2 S. 47

Öffentlicher Beamter, Zur Zeugnispflicht und Zeugnisverweigerung — —n ZPO 3 S. 207

Öffentlichkeit der Verhandlung, Ausschließung NebenG S. 249

—, *Grenzen der Beschränkung* NebenG S. 277

Offizialberücksichtigung prozeßhindernder Einreden. Zurückverweisung ZPO 3 S. 307

Ordentlicher Rechtsweg für Entscheidung über Vorrecht einer Steuerforderung nach § 61 Nr. 2 KO KO S. 541

—, wenn die Rechtsstreitigkeit dem —n — durch eine nach dem Berufungsurteil erlassene Rechtsverordnung entzogen ist NebenG S. 257

— für Ansprüche eines Krankenhauses gegen Fürsorgeverband NebenG S. 265

— bei Aufrechnung mit einer Forderung, über die ein Schiedsgericht zu entscheiden hat NebenG S. 268

— für Schadensersatzansprüche aus Amtspflichtverletzungen von Steuerbeamten NebenG S. 269

— für Schadensersatzanspruch des Rentengutserwerbers gegen Rentengutsausgeber NebenG S. 283

Örtliche Unzuständigkeit, Einrede der —n — des Gesellschafters nach Auflösung der Gesellschaft ZPO 2 S. 181

—, Nachträgliche Heilung der —n — ZPO 2 S. 195

—, Einrede der —n — des Gerichts nach Einlassung zur Hauptsache ZPO 2 S. 239

—, Unanfechtbarkeit eines die Einrede der —n — verwerfenden Urteils mit der Berufung ZPO 2 S. 283

—, Einwand der —n — des Gerichts in der Revisionsinstanz ZPO 4 S. 342

Örtliche Zuständigkeit bei Klagenhäufung ZPO 1 S. 112

—, Zur Frage, ob das Vorbringen des Klägers z. Z. der Klageerhebung oder z. Z. der Urteilsfällung für die — — maßgebend ist ZPO 1 S. 116
—, Zur Nachprüfung der —n — bei öffentlicher Zustellung ZPO 2 S. 21
Ortstermin, Öffentlichkeit im — NebenG S. 277

P

Pachtverhältnis, Kündigung des —ses bei Konkurseröffnung über das Vermögen des Pächters. § 19 KO zwingendes Recht? KO S. 62
—, Einfluß der Teilversteigerung eines einheitlich verpachteten Grundstücks auf das — ZVG S. 121
Pachtzinsraten, Jährliche Verrechnung von — gegen Zinsen und Raten einer im Zusammenhang mit dem Pachtvertrag begründeten Darlehnsforderung im Konkursverfahren KO S. 336
Partei im Sinne des § 444 ZPO ZPO 2 S. 265
—, Berücksichtigung der Aussage des Zeugen, der nach seiner Vernehmung — geworden ist ZPO 3 S. 200
—, Zur Rüge der —, die von der Zeugenvernehmung nicht rechtzeitig benachrichtigt worden ist ZPO 3 S. 248
—, Vernehmung von Zeugen oder —en über wesentliche Streitpunkte durch Sachverständigen ZPO 3 S. 279
—, Vollstreckung der nach § 888 ZPO auferlegten Geldstrafe auf Betreiben der — ZPO 6 S. 15
Parteianträge, Bindung an — ZPO 4 S. 26
—, Bindung an die — auch im schiedsrichterlichen Verfahren ZPO 6 S. 282
Parteieinverständnis siehe Zurücknahme der Berufung
Parteifähigkeit, Prozeßfähigkeit ZPO 1 S. 135—152
Parteiverzicht auf Form und Frist des Wiedereinsetzungsantrags ZPO 2 S. 96
Passivlegitimation im Wiederaufnahmeverfahren bei Abtretung des Urteilsanspruchs vor Erhebung der Nichtigkeitsklage ZPO 4 S. 190
— bei Anfechtung einer Hypothekeneintragung. Inhalt des Klageantrags NebenG S. 115
Patent, Geltendmachung der Nichtigkeitserklärung gegenüber dem Schadensersatzanspruch wegen Patentverletzung in der Revisionsinstanz ZPO 4 S. 70
Patentstreitverfahren, Auslegung eines Anerkenntnisurteils im — ZPO 2 S. 335
—, Einfluß des Konkurses des Nichtigkeitsklägers auf das — KO S. 59
Personenstandsklage, Klage des Kindes gegen die Mutter auf Feststellung der Unehelichkeit keine — im Sinne des § 640 ZPO ZPO 4 S. 365
Persönliche Vernehmung des zu Entmündigenden ZPO 4 S. 410
Pfändbarkeit von Mastvieh ZPO 5 S. 256
— siehe auch Unpfändbarkeit
Pfandbestellung, Freiwillige — keine unentgeltliche Verfügung im Sinne von § 3 Nr. 3 AnfGes. NebenG S. 1
Pfandentlassung siehe Entpfändung
Pfandgläubiger, Konkursvorrecht des § 61 Nr. 2 KO für den —, der die Steuerschuld des Gemeinschuldners bezahlt hat KO S. 402
—, Klage des Forderungspfandschuldners gegen den Drittschuldner auf Zahlung „unbeschadet des Rechts des —s" sowie auf Hinterlegung oder Zahlung an den — ZPO 2 S. 229
Pfandrecht, Wirkung der Aufhebung des Arrestbefehls auf das durch seine Vollziehung begründete — ZPO 6 S. 153
—, Anfechtung der Abtretung von Vermögensstücken, die bereits mit —en belastet sind NebenG S. 2
— siehe auch Faustpfandrecht, Vermieterpfandrecht, Zwangsvergleich
Pfändung vor Ablauf der Frist nach § 798 ZPO. Berechnung der Frist. Verzicht des Schuldners auf Einhaltung der Frist ZPO 5 S. 69

Pfändung, Verfrühte — und Absonderungsrecht im Konkurs ZPO 5 S. 8
— der nach § 811 Nr. 1 ZPO unpfändbaren Sachen mit Zustimmung des Schuldners ZPO 5 S. 197
— des Zinsgenußrechts an einer Briefhypothek ZPO 5 S. 198
— von Früchten auf dem Feld ZPO 5 S. 204
— eigener, im Gewahrsam des Schuldners befindlicher Sachen ZPO 5 S. 207
— eines Geschäftsanteils ZPO 5 S. 235
— von Trauben auf dem Stock, Pflichten und Haftung des Gerichtsvollziehers ZPO 5 S. 274
—, Die auf Grund einer anfechtbaren — erfolgte Befriedigung des Gläubigers schließt die Anfechtung der — und der weiterhin erfolgten Befriedigung nicht aus KO S. 172
— der Eigentümergrundschuld nach dem Zuschlag ZVG S. 146
— einer Forderung bei vertraglicher Verpflichtung des Gläubigers zur Abtretung an einen anderen ZVG S. 210
— des Anspruchs der Ehefrau aus dem Anstellungsvertrag ihres Ehemannes von dessen Gläubigern NebenG S. 68
— siehe auch Dinglicher Gerichtsstand
Pfändung einer Geldforderung, welche dem Schuldner gegen den die Zwangsvollstreckung betreibenden Gläubiger selbst zusteht ZPO 5 S. 155
—, § 857 II ZPO nicht auf — — — anwendbar ZPO 5 S. 155
—, Bestimmtheit, Teilklage ZPO 5 S. 268
—, Anforderungen an die Bezeichnung des Gegenstandes bei — — — ZPO 5 S. 271
— auf Grund eines Arrestbefehls und rechtskräftige Abweisung der Forderung im Verfahren über die Hauptsache ZPO 6 S. 130
—, Benachrichtigung von der bevorstehenden —. Wirkungen KO S. 115
Pfändung künftiger Forderungen ZPO 5 S. 211
Pfändungsankündigung, Bedeutung für zukünftige Konkursmasse KO S. 5
— siehe auch Vorpfändung
Pfändungsbenachrichtigung und Sperrfrist im Vergleichsverfahren NebenG S. 191
Pfändungspfandgläubiger, Einwendungen im Rechtsstreit mehrerer — gegen den Bestand des Pfandrechts KO S. 634
— bei Pfändung einer bereits einem Dritten abgetretenen Forderung NebenG S. 21
Pfändungspfandrecht bei Verletzung der Vorschrift des § 751 II ZPO ZPO 5 S. 9
— bei Beseitigung der Pfandzeichen mit Zustimmung des Gläubigers ZPO 5 S. 178
—, Anspruch des Arrestgläubigers, wenn an den durch Hinterlegung eines Geldbetrages freigewordenen Pfandstücken ein wirksames — nicht begründet war ZPO 6 S. 64
— des Arrestgläubigers bei rechtskräftiger Abweisung der Forderung im Verfahren über die Hauptsache ZPO 6 S. 130
—, Anfechtung eines —s. Zum Rechtsnachfolger im Sinne des § 40 Nr. 2 KO KO S. 138
Pfändungsverbot nach § 850 I Nr. 3 ZPO wirkt auch gegenüber unterhaltsberechtigten Kindern ZPO 5 S. 242
Pfändungszeichen siehe Beseitigung der —
Pflegebefohlener im Sinne des § 61 Nr. 5 KO KO S. 372
Pflichtteil, Feststellungsklage auf das Recht zur Entziehung des —s bei Lebzeiten des Erblassers ZPO 2 S. 250
Polen, Zur Zuständigkeit der deutschen Gerichte für die Scheidung polnischer Staatsangehöriger ZPO 4 S. 351
Polizeiverordnung, Richterliche Ermittlungspflicht bzgl. Verkündung von —en ZPO 2 S. 172
Postgebühr für Notfristzeugnis NebenG S. 406

Prätendentenstreit im Konkurse KO S. 517
Privatangestellte des Gewerbetreibenden als Sachverständige, § 407 ZPO ZPO 3 S. 271
Privatzeugnis, Zur Beweiskraft der schriftlichen —se im Urkundenprozeß ZPO 4 S. 257
Probeassessor, Zur Wiedereinsetzung in den vorigen Stand bei Verschulden des —s ZPO 2 S. 109
Prokuraindossament, *Zur Gültigkeit* eines Wechselprotestes, den ein Prokuraindossatar hat erheben lassen, wenn der Wechsel noch ein späteres nicht durchstrichenes — auf einen Dritten trägt ZPO 4 S. 55
Prokurist einer Partei und § 137 ZPO ZPO 3 S. 108
—, Zur Zeugnisverweigerung des —en einer Fabrik ZPO 3 S. 222
Prolongationswechsel, Schenkungsanfechtung gegenüber —n, § 32 KO KO S. 208
Protokoll, Beweis gegen das — ZPO 1 S. 332
—, Rechtsfolgen bei fehlender Unterschrift beim — über die Verkündung des Berufungsurteils ZPO 1 S. 337
—, Zur Beweiskraft des —s über den Vergleichstermin NebenG S. 175
Prozeßbetrug durch Erschleichung eines Zahlungsbefehls ZPO 5 S. 20
Prozeßbevollmächtigte und Beistände **ZPO 1 S. 202—228**
—, Begriff des —n im Sinne des § 34 ZPO ZPO 1 S. 98
—, Ausschließung des —n von der Ausübung des Richteramts ZPO 1 S. 133
—, Zur Haftung der Partei für den einem Dritten durch ihren —n zugefügten Schaden ZPO 1 S. 212
—, Zustellung einer einstweiligen Verfügung an den für den Hauptprozeß bestellten —n ZPO 2 S. 16
—, Prüfungspflicht des —n der unteren Instanz bzgl. des Eingangs des Auftrages zur Einlegung des Rechtsmittels beim —n der höheren Instanz ZPO 2 S. 76
—, Belehrungspflicht seines Kanzleipersonals über Zustellung nichtverkündeter Urteile und Rechtsmittelfrist. Persönliche Nachprüfungspflicht ZPO 2 S. 91
—, Verzicht des —n auf Rechtsmittel in Ehesachen ohne besonderen Auftrag ZPO 4 S. 304
— siehe auch Berichtigung, Bürogestellter, Kostenvorschuß, Rechtsanwalt
Prozeßfähigkeit. Parteifähigkeit ZPO 1 S. 135—152
Prozeßführung, Ermächtigung zur — im eigenen Namen ZPO 1 S. 135—152
Prozeßgebühr, Berechnung der — bei schriftlich angekündigter, in der mündlichen Verhandlung aber nicht vorgetragenen Klageerweiterung NebenG S. 323
— und Erweiterung des Berufungsantrags NebenG S. 409
Prozeßgericht, Entscheidung des —s über Beschwerde des Zeugen, der wegen Fernbleibens vom ersuchten Richter zu Strafe und Kosten verurteilt worden ist ZPO 3 S. 243
Prozeßhandlungen, Bindung des Berufungsgerichts an Auslegung von —en im Revisionsurteil, § 565 II ZPO ZPO 4 S. 109
—, Wirksamkeit der während der Unterbrechung des Verfahrens vorgenommenen — ZPO 2 S. 116
Prozeßhindernde Einreden aus § 274 Ziff. 5 ZPO ZPO 2 S. 165
—, Geltendmachung —r — nach Einlassung zur Hauptsache ZPO 2 S. 239
—, Abgrenzung der —n — nach § 274 II Ziff. 1, 2 und 3 ZPO ZPO 2 S. 274
—, Verwerfung durch Endurteil auch ohne abgesonderte Verhandlung ZPO 2 S. 283
—, Zurückverweisung an das untere Gericht nach § 538 I Ziff. 2, wenn dieses die Klage wegen Unzulässigkeit des Rechtswegs abgewiesen hat ZPO 3 S. 307
— siehe auch Einrede
Prozeßkosten ZPO 1 S. 228—290
— bei Streitgenossen ZPO 1 S. 245
— siehe auch Beweissicherungsverfahren und Kostenentscheidung

Prozeßkostenforderung, Nacheintragung einer Zwangshypothek für die später festgesetzte — unter 300 M ZPO 5 S. 300
Prozeßkostenpflicht, Übernahme der — NebenG S. 414
Prozeßrichter, Zur Entscheidung des —s über Ablehnung von Schiedsrichtern ZPO 6 S. 273
Prozeßurteil, Ausdehnende Anwendung des § 538 Nr. 2 ZPO bei der Zurückverweisung ZPO 3 S. 339
Prozeßvergleich, Anfechtung eines —s ZPO 1 S. 342, 348
—, Widerruf der Annahme ZPO 1 S. 352
—, Zur Nachprüfung der Auslegung eines —s durch das Berufungsgericht in der Revisionsinstanz ZPO 4 S. 136
Prozeßvollmacht, Zustellung eines Urteils von Anwalt zu Anwalt und Irrtum über — ZPO 2 S. 44
—, Rechtsanwaltsgebühr bei nachträglichem Beitritt von Streitgenossen zur — NebenG S. 323
Prozeßvoraussetzung, Mangel der —en ZPO 1 S. 141
Prüfungsrecht und Prüfungspflicht des Revisionsgerichts bei fehlender Revisionssumme ZPO 4 S. 105

R

Rang der Beiträge zur Knappschafts-Berufsgenossenschaft in der Zwangsversteigerung ZVG S. 342
Rangordnung der mehr als zwei Jahre alten Rückstände an Zinsen und Amortisationsbeiträgen, die durch Ausübung eines Ablösungsberechtigten übergegangen sind ZVG S. 10
— zwischen dem betreibenden persönlichen Gläubiger und einem ihm mit seiner Kapitalforderung beitretenden Hypothekengläubiger bei Verteilung der Überschüsse ZVG S. 293
Rangverbesserung des bei der Zwangsversteigerung bestehenbleibenden Altenteils ZVG S. 154
Rangvorbehalt, Zur Anwendung des § 37 Nr. 4 ZVG ZVG S. 84
Raumteile, Verteilung des Versteigerungserlöses nach § 112 ZVG bei nicht gleichmäßiger Belastung der einzelnen — eines Grundstücks ZVG S. 240
Räumung, Sachen des Schuldners bei —, § 885 ZPO ZPO 6 S. 27
Rechnungsbeamter siehe Verwaltungszwangsverfahren
Rechnungsgebühren, Rechtlicher Charakter NebenG S. 394
Rechnungslegung, Geltendmachung des Anspruchs auf das Interesse an der —, zu der der Beklagte in erster Instanz rechtskräftig verurteilt ist, in der Berufungsinstanz ZPO 2 S. 210
—, Klage auf — gemäß § 254 ZPO im Versäumnisverfahren ZPO 2 S. 236
—, Klagänderung, wenn neben Leistungsanspruch später Anspruch auf — erhoben wird? ZPO 2 S. 326
—, Zur Klage des Gläubigers, dessen Antrag auf Verhängung von Zwangsmaßnahmen zur Erzwingung einer — abgewiesen worden ist, auf Feststellung, daß der Schuldner seine Pflicht zur — bisher nicht erfüllt habe ZPO 6 S. 37
Rechtsabtretung siehe Abtretung
Rechtsanwalt, Gebührenansätze mehrerer —e ZPO 1 S. 233
—, Kostenerstattung an einzelne Streitgenossen bei gemeinsamem — ZPO 1 S. 241
—, Zustellung eines Urteils von — zu — und Irrtum über Prozeßvollmacht ZPO 2 S. 44
—, Zeugnisverweigerung eines —s, der von beiden Parteien als Vertrauensperson hinzugezogen worden ist ZPO 3 S. 217
—, Unterzeichnung der Berufungsanschlußschrift durch den Berufungsanwalt ZPO 4 S. 12
—, Sorgfaltspflicht des —s bei Führung des Fristkalenders durch einen Angestellten ZPO 4 S. 30
—, Zur Haftung des —s, der eine vom Schuldner beabsichtigte sachlich aussichtslose Berufung versehentlich nicht eingelegt hat. Begriff des Schadens ZPO 4 S. 37

—, Zur Unterzeichnung der Beschwerdeschrift ZPO 4 S. 165
—, Kollegiale Geschäftsgebräuche der —e. Einfluß auf den Inhalt der Berufspflichten ZPO 5 S. 50
—, Pflichten des —s bei zweckwidriger Klage NebenG S. 303
—, Pflichten des —s, seinen Auftraggeber auf verhältnismäßig hohe Anwaltsgebühren hinzuweisen NebenG S. 338
— siehe auch *Prozeßbevollmächtigter*, Armenanwalt, Armenrecht, Rechtsanwaltszwang, Gewinnbeteiligung und Verjährung
Rechtsanwaltschaft, Zustellung des Urteils bei Niederlegung der — ZPO 2 S. 4
Rechtsanwaltsgebühren, Zur Erstattungspflicht der Gebühren mehrerer Rechtsanwälte ZPO 1 S. 233
— für einen Antrag auf Erlaß einer einstweiligen Verfügung, auf Sicherung des Beweises zur Begründung jenes Antrags und für die Beweisaufnahme NebenG S. 305
—, Hinweisungspflicht des Rechtsanwalts auf verhältnismäßig hohe — NebenG S. 338
— für seine Arbeit als Testamentsvollstrecker und als Rechtsanwalt wegen Verfolgung von Ansprüchen des Nachlasses NebenG S. 353
Rechtsanwaltsgebührenordnung NebenG S. 804—869
Rechtsanwaltsordnung NebenG S. 289—303
Rechtsanwaltspflichten bei einer von der seinigen abweichenden Rechtsanschauung ZVG S. 48
Rechtsanwaltsprozeß, Zur Unterzeichnung bestimmender Schriftsätze in —en ZPO 1 S. 339
—, Zustellung durch die Partei im — ZPO 2 S. 7
Rechtsanwaltsvergütung, Herabsetzung der — im Rechtswege NebenG S. 348
Rechtsanwaltszwang bei Beschwerden gegen den späteren landgerichtlichen Kostenfestsetzungsbeschluß ZPO 4 S. 172
— für Beschwerden gegen Entscheidung des Landgerichts, durch die das Ablehnungsgesuch gegen einen Amtsrichter für unbegründet erklärt wird? ZPO 4 S. 174
Rechtshandlung, Anfechtung einer —, die schon vor der Entstehung der Forderung des Gläubigers vorgenommen worden ist NebenG S. 2
— Voraussetzungen für Anfechtbarkeit von Vollstreckungsakten gegen den Schuldner als —en desselben NebenG S. 72
—, Anfechtung von —en des Vergleichsschuldners auf Grund des Anfechtungsgesetzes nach Abschluß eines Vergleichs NebenG S. 160
Rechtshängigkeit, Einrede der Rechtskraft und der — ZPO 3 S. 41
— in Ehesachen, Begriff. Berücksichtigung von Amts wegen ZPO 4 S. 317
Rechtshängigkeitseinrede auf Grund eines im Ausland anhängigen Rechtsstreits ZPO 2 S. 183
— eines Gesellschafters mit der Begründung, daß wegen derselben Gesellschaftsschuld die Gesellschaft verklagt worden ist ZPO 2 S. 183
—, Minderungsklage auf Teillöschung einer Kaufgelderhypothek und — gegenüber der Klage des Hypothekengläubigers auf Zahlung desselben Teils der Hypothek ZPO 2 S. 200
— ist von Amts wegen zu berücksichtigen. Verzicht nicht möglich ZPO 2 S. 362
Rechtshilfe, Ablehnung der — durch Zeugenvernehmung ZPO 3 S. 258
Rechtsirrtum, Ausschluß des Verzugs bei — ZPO 2 S. 250
—, Entschuldbarer — des Konkursrichters KO S. 530
Rechtskraft, Umfang der — eines im Verfahren nach § 254 ZPO vorschriftswidrig erlassenen Versäumnisurteils über das Bestehen des Anspruchs ZPO 2 S. 236
—, Umfang der — eines Urteils ZPO 3 S. 2, 32
—, Einrede der — gegenüber Klage auf Rückgewähr wucherlicher Vermögensvorteile ZPO 3 S. 22
—, Einrede der — und der Rechtshängigkeit ZPO 3 S. 41

Rechtskraft, Bedeutung bei Klagabweisung wegen Aufrechnung ZPO 3 S. 59
—, Umfang der — eines eine negative Feststellungsklage abweisenden Urteils ZPO 3 S. 70
— eines Zwischenurteils über den Grund des Anspruchs und Abweisung der Klage im Verfahren über den Betrag des Anspruchs ZPO 3 S. 88
—, Umfang und Grenzen der — eines Urteils, das die auf § 1 UnlWG gestützte Klage auf Löschung einer Firma abgewiesen hat ZPO 3 S. 146
—, Bedeutung der — eines Grundurteils ZPO 3 S. 169
— für den nicht angefochtenen Teil eines Urteils ZPO 3 S. 293
—, Materielle — des Urteils auf Widerspruchsklage ZPO 5 S. 50
— eines die Hypothekenklage auf Grund der Konkursanfechtungseinrede abweisenden Urteils steht erneuter Klageerhebung nach Konkursbeendigung nicht entgegen KO S. 251
Rechtskraftwirkung bei der Streitverkündung ZPO 1 S. 189
— eines im Vorprozeß ergangenen Urteils für den Streitverkündeten des Vorprozesses als Partei des Nachprozesses ZPO 1 S. 193
—, Einwand aus § 254 BGB gegenüber der — nach § 68 ZPO bei Nebenintervention ZPO 1 S. 197
— eines Urteils, welches das Bestehen einer Hypothek zuungunsten des Grundstückseigentümers feststellt, gegenüber dem Ersteher des zwangsversteigerten Grundstücks? ZPO 2 S. 297
— bei Unzulässigerklärung der Aufrechnung und Feststellung des Nichtbestehens der Gegenforderung ZPO 3 S. 151
— des Urteils im Rechtsstreit zwischen Pfändungspfandgläubiger und Drittschuldner auf das Verhältnis zwischen Schuldner und Drittschuldner ZPO 5 S. 215
— bei Klagabweisung wegen eventueller Aufrechnung ZPO 3 S. 28
— des Urteils gegen Rechtsnachfolger ZPO 3 S. 76
— des Urteils auf Abgabe einer Willenserklärung ZPO 6 S. 33
— Einstweilige Verfügung als Mittel zur Sicherung des Anspruchs auf Anfechtung eines erschlichenen Urteils und Aufhebung der — ZPO 6 S. 106
— siehe auch Abstammung
Rechtsmittel notwendiger Streitgenossen ZPO 1 S. 161
—, Zur Befugnis des Nebenintervenienten, selbständig — einzulegen ZPO 1 S. 166, 180
— gegen die Entscheidung, daß eine Nebenintervention als unzulässig verworfen werde ZPO 1 S. 169
—, Verurteilung des Prozeßvertreters zur Kostentragung, — gegen diese Entscheidung ZPO 1 S. 216
—, Zur Bestimmung des Zeitpunktes für die Zulässigkeit eines —s ZPO 1 S. 236
—, Kosten des erfolglos eingelegten —s bei ebenfalls erfolglos eingelegter Anschließung des Gegners an das —, § 97 ZPO ZPO 1 S. 246
—, Auftrag zur Einlegung eines —s an Rechtsanwalt mittels einfachen Briefs ZPO 2 S. 76
— bei Entscheidung des Berufungsgerichts über die Berechtigung der Zeugnisverweigerung in den Gründen des Endurteils ZPO 3 S. 246
—, Zum Einwand der Schikane gegen Zulässigkeit eines —s ZPO 4 S. 37
—, Zeitpunkt der Einlegung maßgebend. Einfluß späterer Verminderung des Beschwerdegegenstandes auf Zulässigkeit des —s ZPO 4 S. 40
— gegen Endurteile, die das Oberlandesgericht auf Grund des § 927 II ZPO erlassen hat ZPO 6 S. 76
— im Verfahren über die Bestätigung einer einstweiligen Verfügung. Geltendmachung veränderter Umstände, § 927 ZPO ZPO 6 S. 94
—, Identität des Streitgegenstandes bei wechselseitig eingelegten —n. Prozeßgebühr NebenG S. 418
— siehe auch Verzicht, Zurücknahme

Rechtsmitteleinlegung, Frist für die —, wenn streitgenössischer Nebenintervenient erst nach Zustellung des Urteils an die Partei beitritt ZPO 1 S. 187
—, Telegrafische — mittels Fernsprechers ZPO 3 S. 347
Rechtsmittelfrist bei Zustellung des Urteils an nicht prozeßfähige Person ZPO 1 S. 150
— bei Urteilszustellung nur des einen *Streitgenossen, Rechtswirkung* in Ansehung der anderen Streitgenossen ZPO 1 S. 154
—, Zustellung eines Urteils, bei der vom Gerichtsvollzieher als Auftraggeber eine andere Person als die Partei angegeben, setzt nicht — in Lauf ZPO 2 S. 26
bei Zustellung eines Urteils, dessen Urschrift ohne Unterschriften, dessen Ausfertigung diese Mängel aber nicht erkennen läßt ZPO 3 S. 315
— siehe auch Berufungsfrist und Revisionsfrist
Rechtsnachfolge während des Rechtsstreits ZPO 2 S. 297
—, Besonderer Gerichtsstand der Mitgliedschaft im Falle einer — auf der Aktiv- oder Passivseite ZPO 1 S. 81
— bei vorläufig vollstreckbarem Urteil ZPO 5 S. 17
— bei der negativen Feststellungsklage ZPO 5 S. 141
Rechtsnachfolger, Zum Eintritt der wahren — einer im Laufe des Prozesses verstorbenen Partei in zweiter Instanz, nachdem das Gericht andere Personen als — zugelassen hat ZPO 2 S. 112
im Sinne des § 239 ZPO, Begriff ZPO 2 S. 119
—, Ehefrau als — des verstorbenen Ehemannes im Rechtsstreit über eingebrachtes Gut, das dieser im eigenen Namen geltend gemacht hat ZPO 2 S. 137
— im Sinne des § 265 ZPO ZPO 2 S. 267
—, Urteilswirkung gegen — ZPO 3 S. 76
—, Aufnahme des ausgesetzten Verfahrens durch Erklärung des —s in mündlicher Verhandlung ZPO 3 S. 162
— im Sinne des § 40 Nr. 2 KO bei Anfechtung eines Pfändungspfandrechts KO S. 138
—, Konkursanfechtung gegen den — KO S. 208
—, Aufrechnungsverbot des § 55 Nr. 1 KO auch zugunsten eines —s des Konkursverwalters KO S. 355
—, Anfechtung gegen —, § 11 Abs. 2 Nr. 2, § 3 Nr. 2 AnfGes. NebenG S. 36
—, Anfechtung gegen —. Beweislast bzgl. Gläubigerbenachteiligung NebenG S. 75
—, Anfechtung einer Rechtshandlung des Schuldners gegen den — des Ersterwerbers nach § 11 Abs. 2 AnfGes. NebenG S. 94
—, Anfechtung gegen den — bei mehrfacher Rechtsnachfolge NebenG S. 133
Rechtsschutzbedürfnis bei Abstammungsfeststellungsklage, wenn Beklagter seine Vaterschaft anerkennt? ZPO 4 S. 386
— Voraussetzung für Klage aus § 957 II ZPO ZPO 6 S. 185
Rechtsschutzinteresse siehe Negative Feststellungsklage
Rechtsvorgänger als Partei im Sinne des § 444 ZPO ZPO 2 S. 265
Rechtsweg, Entscheidung über die Zulässigkeit des —s ZPO 2 S. 176
— für Klage der Sachverständigen auf Zahlung der Gebühren im schiedsrichterlichen Verfahren ZPO 6 S. 231
— siehe auch Ordentlicher —
Referendar, Richterliche Befugnisse der —e NebenG S. 223
—, Verhandlungsgebühr bei Wahrnehmung des Termins durch einen nicht zum Stellvertreter amtlich bestellten — NebenG S. 317
Regreßanspruch gegen einen Rechtsanwalt, Entstehung und Verjährung NebenG S. 289
Regreßforderung des Mitverpflichteten u. Konkursdividende KO S. 494
— des Bürgen im Konkurs des Hauptschuldners KO S. 509
Reich, Zusammentreffen von Gefährdungs- und Amtshaftung des —s als Halter eines Kraftfahrzeugs. Zur Zulässigkeit der Revision bei Fehlen der Revisionssumme ZPO 4 S. 158

Reich siehe auch Konkursvorrecht oder Zollanspruch
Reichsbahn siehe Ausschließliche Zuständigkeit des Landgerichts
Reichsbank siehe Girokonto
Reichsgericht siehe Entlastung
Reichshaftpflichtgesetz, Gerichtsstand der unerlaubten Handlung für Klagen aus § 1 — ZPO 1 S. 100
Reichspost, Ausschließliche Zuständigkeit der Landgerichte bei Ansprüchen eines Beamten gegen die Deutsche — auf Grund des Unfallfürsorgegesetzes NebenG S. 245
Reifezeit im Sinne des § 810 ZPO ZPO 5 S. 163
Reisekostenvorschuß für arme Partei ZPO 1 S. 322
Rentenansprüche aus unerlaubter Handlung und aus dem Haftpflichtgesetz, Streitwert nach § 10 II GKG NebenG S. 401
Rentengutsverfahren siehe Ordentlicher Rechtsweg NebenG S. 283
Rentenschuld, Kündigung und Umwandlung einer — in eine Hypothek während des Zwangsversteigerungsverfahrens ZVG S. 168
Restitutionsklage wegen nachträglich aufgefundener Gebrauchsmusteranmeldung unzulässig ZPO 4 S. 193
— gegen die Verwerfung der Revision auf Grund neu aufgefundener Urkunden unzulässig ZPO 4 S. 194
—, Einführung eines neuen Klagegrundes ZPO 4 S. 201
— auf Grund einer Urkunde, die erst nach Verkündung des erstinstanzlichen Urteils, aber noch vor Ablauf der Berufungsfrist errichtet worden ist ZPO 4 S. 219
—, Urkundenbeweis bei Einigkeit der Parteien und Überzeugung des Gerichts von der Wahrheit ihrer Angaben nicht notwendig ZPO 4 S. 221
— bei Verletzung der Eidespflicht und Straferkenntnis ZPO 4 S. 228
—, Schuldhafte Eidesverletzung als Voraussetzung ZPO 4 S. 231
— nach § 580 Nr. 7b ZPO, Auslegung ZPO 4 S. 235
— gegen Eintragung in die Konkurstabelle KO S. 507
Revision ZPO 4 S. 48—165
—, Zur Bewilligung des Armenrechts für Revisionsbeklagten der sich der — anschließen will ZPO 1 S. 306
—, Einlegung der — im Falle der Aussetzung des Verfahrens. Heilbarkeit eines Mangels gemäß § 295 I ZPO ZPO 2 S. 121
—, Restitutionsklage gegen die Verwerfung der — auf Grund neu *aufgefundener* Urkunden ZPO 4 S. 194
— siehe auch Tod und Zulässigkeit der —
Revisionsantrag. Ankündigung eines eingeschränkten —s ZPO 3 S. 346
—, Zur Zulässigkeit der Revision bei Revisionsbegründung ohne —e ZPO 4 S. 140
Revisionsbegründung, Verletzung der §§ 68, 74 III ZPO betrifft nicht das Verfahren ZPO 4 S. 79
— bei mehreren selbständigen Beschwerdepunkten ZPO 4 S. 95
—, Bezugnahme auf den Inhalt anderer Schriftstücke in der —? ZPO 4 S. 99
— siehe auch Begründungszwang
Revisionsbegründungsfrist, Rüge der vorschriftswidrigen Besetzung des Gerichts muß innerhalb der — vorgebracht werden ZPO 4 S. 102
—, Antrag des Revisionsbeklagten auf Verlängerung der — ZPO 4 S. 136
— siehe auch Begründungsfrist
Revisionsfrist beim Ergänzungsurteil, § 517 ZPO entsprechend anwendbar ZPO 4 S. 123
Revisionsgericht, Zur Nachprüfung von Amts wegen, ob das Berufungsgericht die im früheren Revisionsurteile der Aufhebung zugrunde gelegte rechtliche Beurteilung seiner Entscheidung zugrunde gelegt hat ZPO 4 S. 85
Revisionsgrund, Gesetzesverletzung als — ZPO 2 S. 289
Revisionsinstanz, Über Zulässigkeit der Einrede der mangelnden Sicherheit für die Prozeßkosten in der — ZPO 1 S. 297
—, Berücksichtigung neuen Vorbringens in der — ZPO 3 S. 319

—, Einwand der örtlichen Unzuständigkeit des Gerichts in der — ZPO 4 S. 342
—, Einstweilige Einstellung der Zwangsvollstreckung in der — ZPO 5 S. 67
—, Beachtung eines nach Erlaß des Berufungsurteils in Kraft getretenen Gesetzes in der — ZPO 6 S. 247
—, Nachprüfung der einem Zuschlagsbeschluß gegebenen Auslegung in der — ZVG S. 62
— siehe auch Streitwert
Revisionsprüfung, Umfang der —, § 559 ZPO ZPO 4 S. 71
Revisionssumme, Unzulässigkeit der Revision, wenn die Höhe der geltend gemachten Forderung absichtlich im unklaren gelassen worden ist ZPO 4 S. 64
— und Begründungszwang bei Revision gegen ein Urteil über eine sich aus mehreren einzelnen Forderungen zusammensetzende Gesamtforderung ZPO 4 S. 75
—, Revision bei fehlender — ZPO 4 S. 105
—, Ermäßigung des Klagantrags unter die —. Negative Feststellungswiderklage in Höhe des ermäßigten Betrages. Zulässigkeit der Revision? ZPO 4 S. 110
—, Revision bei Schadensersatzansprüchen von Kommunalbeamten gegen Gemeinde wegen Verletzung der Fürsorgepflicht von Erreichung der — abhängig ZPO 4 S. 118
—, Zusammentreffen von Gefährdungs- und Amtshaftung des Reiches als Halter eines Kraftfahrzeugs. Zur Zulässigkeit der Revision bei Fehlen der — ZPO 4 S. 158
—, Revision bei fehlender — bei Anfechtung eines Erstattungsbeschlusses durch einen Angestellten der Gemeinde? ZPO 4 S. 160
— siehe auch Berechnung der —
Revisionsurteil, Zur Berichtigung des Tatbestandes eines —s ZPO 3 S. 80
— siehe auch Bindung
Revisionsverfahren, Nachprüfung des Beschlusses auf Wiedereinsetzung in den vorigen Stand und Zulässigkeit der Berufung im — ZPO 4 S. 159
—, Staatsanwalt kann dem die Ehelichkeit eines Kindes anfechtenden Ehemanne noch im — als Streitgenosse beitreten ZPO 4 S. 369
Rezeptum, Klage gegen den Schiedsrichter auf Erfüllung ZPO 6 S 221
Richter, Ausschließung des —s in zweiter Instanz, wenn er in erster Instanz lediglich als beisitzender — bei der Verkündung des Urteils zugegen gewesen ist ZPO 1 S. 128
—, Zur Zeugenvernehmung der — hinsichtlich des Ergebnisses der Beratung ZPO 3 S. 244
—, Zur Frage der Ausschließung des —s im Nachverfahren nach Mitwirkung im Urkundenprozeß ZPO 4 S. 285
—, Zur Haftung des Spruchrichters wegen falscher Rechtsansicht NebenG S. 231
Richteramt, Ausschließung des Prozeßbevollmächtigten von der Ausübung des —s ZPO 1 S. 133
Richterliche Ermittlungspflicht bzgl. Verkündung von Polizeiverordnungen ZPO 2 S. 172
Rückdatierung der Zustellung ZPO 2 S. 34
Rückerstattung, Gerichtsstand des Erfüllungsort bei Klage auf — des für bereits übergebene Ware gezahlten Kaufpreises ZPO 1 S. 78
Rückforderung des gezahlten übermäßigen Honorars trotz Vergleichs NebenG S. 328
Rückgabe der Sicherheit. Zum Verfahren nach § 109 ZPO ZPO 1 S. 301
Rückgängigmachung, Streitwertberechnung bei Klage auf — eines vom Verkäufer noch nicht erfüllten Kaufvertrages ZPO 1 S. 16
Rückgewähr einer Forderung bei Anfechtung nach § 30 Nr. 2 KO und Aufrechnung KO S. 181
— bei der Konkursanfechtung kann nicht in Rücklieferung vertretbarer Sachen bestehen KO S. 262

Rückgewähr, Anfechtbarer Erwerb und — NebenG S. 64
— der Nutzungen bei erfolgreicher Anfechtung der Übertragung eines nutzbringenden Wertes NebenG S. 76
— siehe auch Stammeinlage
Rückgewähranspruch nach § 7 AnfGes. und Schadensersatzanspruch NebenG S. 34
—, Sicherung des —s aus § 7 AnfGes. durch Eintragung einer Vormerkung in das Grundbuch NebenG S. 54
Rückgewährpflicht, Umfang der — nach § 9 AnfGes. NebenG S. 52
Rückstände wiederkehrender Leistungen, Wert des Streitgegenstandes ZPO 1 S. 1
—, Behandlung der — aus einer gemeinen Last, die sich in einmaliger Ausübung erschöpft, im Zwangsversteigerungsverfahren ZVG S. 95
— an Zinsen siehe Rangordnung
Rücktritt siehe Vergleich
Rücktrittsrecht, Zum Erlöschen des —s im Sinne des § 356 Satz 2 BGB ZPO 4 S. 123
Rückversicherung und Konkursvorrecht nach § 80 VAG KO S. 581
Rückwirkende Kraft, Bewilligung des Armenrechts nach Erlaß des Urteils mit —r — ZPO 1 S. 325
Rückwirkende Vertragsauflösung. Zur Frage der —n — bei Ablehnung der Erfüllung im Vergleichsverfahren NebenG S. 175
Rückzahlung des Kostenvorschusses nach Bewilligung des Armenrechts ZPO 1 S. 305
— bei nachträglicher Bestellung zum Armenanwalt NebenG S. 342
Rüge der vorschriftswidrigen Besetzung des Gerichts muß innerhalb der Revisionsbegründungsfrist vorgebracht werden ZPO 4 S. 102
— siehe auch Heilung
Rügerecht nach § 295 ZPO. Nichtausübung unschädlich, wenn Verzichtswille erweislich ausgeschlossen ist ZPO 2 S. 132
Ruhen des Verfahrens, Verjährung ZPO 2 S. 145
Rußland, Ehescheidung in —. Anerkennung des Urteils in Deutschland ZPO 3 S. 134

S

Sachen, Zwangsvollstreckung zur Erwirkung der Leistung von — ZPO 6 S. 20
Sachliche Zuständigkeit ZPO 1 S. 1—31
— siehe auch Mahnverfahren
Sachverständige, Beweis durch — ZPO 3 S. 261—279
—, Gebührenanspruch der —n im schiedsrichterlichen Verfahren ZPO 6 S. 231
Sachverständigengebühren im schiedsrichterlichen Verfahren ZPO 6 S. 231
— des fungierenden öffentlichen Beamten NebenG S. 371
—, Beschwerde oder Erinnerung gegen Ansatz von — NebenG S. 384
Sachverständigengutachten, Zur Form des —s ZPO 3 S. 261
Saldo siehe Konkurstabelle
Saldoanerkenntnis, das sich zum Teil auf nichtige Posten bezieht, und Urkundenprozeß ZPO 4 S. 267
Säumnis, Revision gegen ein wegen — des Berufungsklägers die Berufung als unzulässig verwerfendes Urteil ZPO 4 S. 141
Schaden, Begriff. Zur Haftung des Anwalts, der eine vom Schuldner beabsichtigte, sachlich aussichtslose Berufung eingelegt hat ZPO 4 S. 37
Schadensermittlung, § 287 ZPO ZPO 2 S. 222
—, Zur Anwendbarkeit des § 287 ZPO für die Frage des ursächlichen Zusammenhangs zwischen Unfall und Schaden ZPO 2 S. 368
Schadensersatz, Gerichtsstand bei Klagen auf — wegen Nichterfüllung des Kaufvertrages ZPO 1 S. 86
— wegen Erfüllungsweigerung des Konkursverwalters KO S. 68
—, Aufrechnung im Konkurse zwischen der Forderung des Konkursverwalters auf — wegen Nichterfüllung und einer vor der Konkurseröffnung erlangten Gläubigerforderung KO S. 345
Schadensersatzanspruch aus § 717 II ZPO. Aufrechnung gegen — ZPO 5 S. 65

— nach § 717 II ZPO erlischt bei Vergleich der Parteien über die streitbefangene Sache nach Aufhebung des vorläufig vollstreckbaren Urteils, auch wenn der — gepfändet ist ZPO 5 S. 123
— aus § 717 III ZPO ZPO 5 S. 109
—, Anmeldung im Konkurse des Schuldners, Teilzuerkennung im Feststellungsstreit, Berechnung auf ein Mehrfaches KO S. 416
— nach bestätigtem Zwangsvergleich KO S. 622
—, Rückgewähranspruch nach § 7 AnfGes. und — NebenG S. 34
— aus § 826 BGB oder Anfechtung nach § 3 Nr. 1 AnfGes. bei Vereitelung der Unterhaltsansprüche der geschiedenen Ehefrau NebenG S. 76
Schadensersatzanspruch aus § 945 ZPO ZPO 6 S. 101
— bei Aufhebung des Arrestes mangels Arrestgrundes ZPO 6 S. 95
— bzgl. der Unterhaltsbeiträge, die für den notdürftigen Unterhalt nicht erforderlich gewesen sind ZPO 6 S. 115
—, wenn sich erst durch spätere Ermittlungen ergeben hat, daß die Besorgnis der Vereitelung der Vollstreckung des Urteils auf Irrtum beruhte ZPO 6 S. 125
—, Verjährung ZPO 6 S. 135
—, Zum Umfang des —s aus der Vollziehung eines unrechtmäßigen Arrestes ZPO 6 S. 158
— wegen Überpfändung ZPO 6 S. 158
Schadensersatzforderung, Zur Aufrechnung einer — wegen Nichterfüllung eines Kaufvertrages durch den Konkursverwalter gegen den Anspruch der Konkursmasse auf die vom Gemeinschuldner geleistete Anzahlung KO S. 339
Schadensersatzklage des Gemeinschuldners gegen den Konkursverwalter nach Aufhebung des Konkursverfahrens durch Zwangsvergleich KO S. 434
Schadensersatzpflicht bei Urteilsänderung nach Vollstreckung des Urteils ZPO 5 S. 97
— des Zessionars nach § 717 II ZPO ZPO 5 S. 134
— des Drittschuldners, § 840 ZPO ZPO 5 S. 260
— siehe auch Ersatzleistung
Schadensersatzrenten, Streitwert bei — NebenG S. 401
Schätzer oder Schiedsrichter? ZPO 6 S. 228
Scheckverkehr siehe Inhaberscheck
Scheidung siehe Ehescheidung
Schein siehe Gerichtsstand
Scheingeschäft, Unterschied zwischen — und Geschäftsabschluß durch vorgeschobene Person NebenG S. 64
Schenkung, Übernahme einer Bürgschaft als —, wenn sie ohne Gegenleistung des Gläubigers erfolgt ZPO 2 S. 247
—, Anfechtung gegenüber Prolongationswechseln, § 32 KO KO S. 208
— siehe auch Unentgeltliche Verfügung
Schiedsabrede siehe Übergang
Schiedsgericht, Über Zuständigkeit des —s zur Abberufung des Liquidators einer offenen Handelsgesellschaft ZPO 6 S. 53
— siehe auch Ordentlicher Rechtsweg
Schiedsgerichtsklausel geschaffen durch Änderung einer Verbandssatzung. Verstoß gegen die guten Sitten, falls damit schwebender Streitfall getroffen werden sollte ZPO 6 S. 261
— in Satzungen nicht rechtsfähiger Vereine. Formerfordernis ZPO 6 S. 292
Schiedsgutachtenvertrag, Keine Anwendung des § 1027 ZPO auf — ZPO 6 S. 300
Schiedsgutachter, Zur Verpflichtung des —s, das dem Mehrheitsbeschluß entsprechende Gutachten zu unterzeichnen ZPO 6 S. 296
Schiedsrichter, Keine Haftung des —s bei seiner Spruchfähigkeit für Fahrlässigkeit ZPO 6 S. 126
—, Ernennung von —n ZPO 6 S. 212
—, Klage gegen den — auf Erfüllung ZPO 6 S. 221

Schiedsrichter oder Schätzer bei Entscheidung über die Frage, zu welchen Werten die Auseinandersetzungsgegenstände in die Berechnung des Gutachtens einzustellen sind? ZPO 6 S. 228
—, Verfahren bei Bestellung des —s ZPO 6 S. 236
— hat, wenn überhaupt, Anspruch auf Vergütung von beiden Parteien ZPO 6 S. 239
— als Zeuge über im Schiedsspruch gebrauchte Wendungen ZPO 6 S. 254
—, Ablehnung von —n nicht im Aufhebungsverfahren, sondern nur nach § 1054 ZPO ZPO 6 S. 273
—, Ablehnung eines —s nur durch das ordentliche Gericht ZPO 6 S. 285
Schiedsrichteramt, Fähigkeit zum — ZPO 6 S. 215
Schiedsrichterliches Verfahren **ZPO 6 S. 188—Ende**
— siehe auch Unzulässigkeit des —n —s
Schiedsrichtervertrag, Kündigung von —en ZPO 6 S. 242
Schiedsspruch, Zur Begründung des —s ZPO 6 S. 188
—, Aufhebungsklage nach § 1041 ZPO, ohne daß die Niederlegung des —s auf der Geschäftsstelle des zuständigen Gerichts festgestellt ist ZPO 6 S. 213
—, Begriff ZPO 6 S. 217
—, Wirkung der Zustellung eines —s ZPO 6 S. 234
—, Klage auf Erfüllung des —s, während Klage des Gegners auf dessen Aufhebung rechtshängig ist ZPO 6 S. 249
— siehe auch Formel des —s und Zustellung
Schiedsvertrag, Verhältnis des —s zu § 1029 ZPO ZPO 6 S. 236
—, Rechtsbegriff ZPO 6 S. 241
— des Gemeinschuldners. Devisensperre KO S. 328
Schiff, Zwangsversteigerung von —en im Wege der Zwangsvollstreckung **ZVG S. 332—337**
—, Zur rechtlichen Bedeutung der in der Zwangsversteigerung angeordneten Bewachung und Verwahrung des —es ZVG S. 332
Schiffsmakler, Rechtliche Stellung ZPO 3 S. 324
Schiffspfandgläubiger, Vorrecht des § 10 Nr. 1 ZVG für — wegen Auslagen für Erhaltung und Verbesserung des Schiffes ZVG S. 332
Schikane, Zum Einwand der — gegen Zulässigkeit eines Rechtsmittels ZPO 4 S. 37
Schlußverzeichnis, Haftung des Konkursverwalters bei Nichtaufnahme der Forderung eines Konkursgläubigers in das — KO S. 575
Schmerzensgeld, Anspruch auf — aus Verletzung der Ehre ZPO 3 S. 250
Schreibfehler im Urteil, Berichtigung ZPO 3 S. 49
Schreibgebühren für die Ladungen der Zeugen ZPO 3 S. 197
—, Kostenerstattung für — des Rechtsanwalts NebenG S. 312
— siehe auch Armenanwalt
Schriftliche Erklärung des Zeugen im Eheverfahren ZPO 4 S. 341
Schriftliches Verfahren, Berücksichtigung verspätet eingegangener Schriftsätze ZPO 2 S. 342
Schriftsatz, Bezugnahme auf die vorbereitenden —e als Tatbestand des Urteils ZPO 3 S. 1
—, Anforderungen an den — im Sinne des § 4 AnfGes. NebenG S. 113
Schuldenhaftung bei Erwerb eines Handelsgeschäfts im Konkurse KO S. 476
Schuldenmasse **KO S. 491—562**
Schuldner, Verweis des Anfechtungsbeklagten gegenüber dem Anfechtungskläger auf eine dem — angeblich gegen ihn zustehende Forderung NebenG S. 23
Schuldtitel siehe Vollstreckbarer — NebenG S. 139
Schuldübernahme, Wirkung des § 53 ZVG, wenn der Ersteher eine Hypothek übernimmt und zugleich Gläubiger der persönlichen Forderung ist ZVG S. 108
—, Zur Frage befreiender — durch den Ersteher eines Grundstücks, § 53 I ZVG ZVG S. 250
Schwägerschaft, Anfechtung von Verträgen des Schuldners mit Verwandten seines früheren Ehegatten NebenG S. 57

Schweigen des Konkursverwalters als Verzicht auf Erfüllung, § 17 II KO KO S. 79
Schweigepflicht siehe Verschwiegenheit
Schweizer Urteile, Anerkennung — — ZPO 3 S. 118, 127
Senat, Verweisung an den Großen — nach § 137 GVG NebenG S. 245
Senatspräsident, Gleichzeitiger Vorsitz in mehreren Senaten NebenG S. 253
Sicherheit durch Hinterlegung des im Arrestbefehl festgestellten Geldbetrages und Konkurs des Schuldners ZPO 6 S. 92
—, Über Rückgabe der vom Arrestkläger geleisteten — ZPO 6 S. 132
Sicherheitsbestellung siehe Gläubigerbenachteiligung
Sicherheitsleistung ZPO 1 S. 291—305
—, Zum Antrag auf Abwendung der Vollstreckung durch — nach Anordnung der vorläufigen Vollstreckbarkeit des Urteils ZPO 5 S. 3
—, Anfechtung eines gegen — für vorläufig vollstreckbar erklärten Urteils bei unterbliebener — ZPO 5 S. 80
— bei Vollstreckungseinstellung. Haftung der Sicherheit (im Falle einer Bürgschaft des Bürgen) nur für den Verzögerungsschaden ZPO 5 S. 115
— siehe auch Beschwerde und Bürgschaft
Sicherstellung, Anfechtung im Konkurs wegen — fälliger Wechselforderungen KO S. 166
—, Zur Anfechtbarkeit einer — oder Befriedigung, die der Gläubiger in der Art zwar nicht fordern konnte, aber annehmen mußte, nach § 30 Nr. 2 KO KO S. 204
Sicherung oder Befriedigung im Sinne des § 13 III AnfGes. NebenG S. 21
— des Rückgewähranspruchs aus § 7 AnfGes. durch Eintragung einer Vormerkung in das Grundbuch NebenG S. 54
— siehe auch Bürgschaft
Sicherungshypothek, Eintragung einer — für die Forderung gegen den Ersteher auf dem versteigerten Grundstück ZVG S. 218
—, Übertragung der Forderung gegen den Ersteher auf unbestimmte Empfänger mit nachfolgender unrichtiger Eintragung der — ZVG S. 250
—, Zur Auslegung des § 128 III Satz 2 und IV ZVG ZVG S. 255
— siehe auch Vormerkung und Zwangshypothek
Sicherungsübereignung im Konkurse des Sicherungsgebers begründet kein Aussonderungsrecht, nur ein Recht auf abgesonderte Befriedigung KO S. 299
Sittenwidrigkeit, Zur Frage der — des Verzichts auf Rechtsmittel im Scheidungsverfahren ZPO 4 S. 325
—, Zur Prüfung der Frage der — bei Anerkennung eines ausländischen Urteils ZPO 5 S. 60
—, Anerkennung eines Schiedsspruchs verstößt gegen die guten Sitten, wenn mit der auf Änderung einer Verbandssatzung beruhenden Schiedsgerichtsklausel bezweckt wurde, einen bereits schwebenden Streitfall zu treffen ZPO 6 S. 261
—, Voraussetzungen für — bei übermäßigem Anwaltshonorar NebenG S. 328
Sitzungsniederschrift, Zur Wiedergabe der Zeugenaussage im Berufungsurteil, wenn Aussage nicht in der — aufgenommen ist ZPO 3 S. 256
Sofortige Beschwerde gegen die in einer Zwangsvollstreckungssache erlassene einstweilige Anordnung, § 572 III ZPO? ZPO 4 S. 171
Sondervergütung eines Rechtsanwalts. Zur Prüfung der Angemessenheit NebenG S. 359
Sondervorschriften ZVG S. 339—Ende
Sorgfaltspflicht, Umfang der — eines für den ersten und zweiten Rechtszug bestellten Prozeßbevollmächtigten ZPO 1 S. 218
Spediteur, Zur Haftung des Haupt—s für Verschulden des Unterspediteurs und des Zwischenspediteurs ZPO 3 S. 123
Sperrfrist, Berechnung der — nach § 84 VerglO, wenn Eröffnung des Vergleichsverfahrens bei einem unzuständigen Gericht beantragt wurde. Aufrechnung NebenG S. 149

Sperrfrist des § 3 VerglO NebenG S. 175
— im Vergleichsverfahren und Pfändungsbenachrichtigung NebenG S. 191
Sperrung des Grundbuchs durch Eintragung des Konkursvermerks KO S. 41
Sprungrevision, Zum Beginn der Frist für die Einlegung der —. Abänderungsklage ZPO 4 S. 113
—, Zur Zulässigkeit der —, die lediglich mit der Rüge von Verfahrensverstößen begründet wurde ZPO 4 S. 138
Staatenlose, Zuständigkeit des Gerichts in Ehesachen, § 606 ZPO ZPO 4 S. 337
Staatsanwalt, Ehelichkeitsanfechtung durch — durch Beitritt als Streitgenosse ZPO 4 S. 369
Staatsgericht, Über Vereinbarung im Schiedsvertrag, nach Erlaß des Schiedsspruchs die —e anzurufen ZPO 6 S. 266
Stammeinlage, Rückgewähr der — des Gesellschafters einer GmbH im Wege der Anfechtung nach § 31 Nr. 1 KO KO S. 206
Stammeinlageschuld, Zur Tilgung der — des Gesellschafters einer GmbH durch Verrechnung ZPO 3 S. 99
Standesehre, Verstoß gegen — des Rechtsanwalts bei Gewinnbeteiligung NebenG S. 289
Steuerbeamte siehe Amtspflichtverletzung
Steuerfiskus, Konkursvorrecht des — KO S. 541
Steuerforderung siehe Ordentlicher Rechtsweg
Steuerschuld siehe Pfandgläubiger
Stillschweigender Erlaß eines Gerichtsbeschlusses? ZPO 2 S. 31
Stillstand des Verfahrens, Verjährung ZPO 2 S. 145
Stock, Pfändung von Trauben auf dem — ZPO 5 S. 274
Strafakten, Verwertung des Inhalts von — durch Parteivortrag im Urkundenprozeß ZPO 3 S. 108
Strafanstalt, Unabwendbarer Zufall im Sinne des § 233 ZPO bei Aufenthalt der Partei in einer — ZPO 2 S. 89
Straßenanliegerbeiträge, Vorzugsrecht aus § 10 Nr. 3 ZVG für — ZVG S. 5
—, die in das geringste Gebot nicht aufgenommen worden sind, als Grundstücksbelastung gegenüber dem Ersteher des Grundstücks ZVG S. 112
Streitbefangenheit des vermieteten Grundstücks bei der Klage des Mieters aus § 536 BGB ZPO 2 S. 267
Streitgegenstand, Wertbestimmung des —es bei Rückständen wiederkehrender Leistungen ZPO 1 S. 1
—, Identität des —s bei wechselseitig eingelegten Rechtsmitteln. Prozeßgebühr NebenG S. 418
Streitgehilfenschaft, Zulässigkeit der —. Wechsel der unterstützten Hauptpartei ZPO 1 S. 197
Streitgenossen, Kostenerstattung an einzelne — bei deren Vertretung durch gemeinsamen Anwalt ZPO 1 S. 241
—, Prozeßkosten bei — ZPO 1 S. 245
—, Zur Wirkung des Rechtsmittelverzichts auf die Stellung von — ZPO 4 S. 151
—, Rechtsanwaltsgebühr bei nachträglichem Beitritt von — zur Prozeßvollmacht NebenG S. 323
—, Haftung der — für Gerichtskosten als Gesamtschuldner bei Verfolgung verschiedener Ansprüche NebenG S. 408
— siehe auch Berufungsbegründung, Staatsanwalt
Streitgenossenschaft ZPO 1 S. 152—166
—, Hauptintervention und notwendige — ZPO 1 S. 185
—, Notwendige — zwischen gemeinschaftlich vor der Erbteilung klagenden Miterben. Zuziehung der Säumigen auch im Wiederaufnahmeverfahren ZPO 4 S. 212
—, Notwendige — in Entmündigungssachen ZPO 4 S. 400
Streitgenössischer Nebenintervenient, Frist für die Rechtsmitteleinlegung, wenn — — erst nach Zustellung des Urteils an die Partei beitritt ZPO 1 S. 187

Streitige Verpflichtung im Sinne des § 29 ZPO ZPO 1 S. 73
Streitverfahren zwischen Massegläubiger und Konkursverwalter darüber, ob und in welchem Maße die Konkursmasse zur vollständigen Befriedigung aller Massegläubiger unzureichend ist KO S. 364
Streitverkünder kann dem Streitverkündeten die Interventionswirkung der Vorentscheidung nur ungeteilt oder gar nicht entgegenhalten ZPO 1 S. 199
Streitverkündung, Erfordernisse ZPO 1 S. 186
—, Rechtswirkung einer in einem ausländischen Rechtsstreite vorgenommenen —, wenn der Litisdenunziat in jenem Prozesse dem Streitverkünder nicht beigetreten war ZPO 1 S. 170
— und Rechtskraftwirkung ZPO 1 S. 189
—, Beitritt des Streitverkündeten zur Gegenpartei ZPO 1 S. 193
—, Wirkung ZPO 1 S. 199
—, Wirkung im Nachprozeß ZPO 4 S. 79
Streitwert, Beschwerde wegen angeblich zu niedriger Festsetzung des —s als Beschwerde der Partei oder des Anwalts? ZPO 1 S. 7
— bei dem einen Arrest oder eine einstweilige Verfügung betreffenden Verfahren und — der Hauptsache ZPO 1 S. 7
—, Bestimmung des —s bei einstweiliger Verfügung betr. das Getrenntleben während des Scheidungsverfahrens nach freiem Ermessen des Gerichts ZPO 1 S. 10
— und Beschwerdewert bei in ausländischer Währung eingeklagter Geldsumme, wenn fremde Valuta im Laufe des Rechtsstreits steigt ZPO 1 S. 22
— für eine Anfechtungsklage auf Grund eines Schuldtitels über gesetzlichen Unterhaltsanspruch ZPO 1 S. 24
—, Abänderung des Kostenfestsetzungsbeschlusses bei Änderung der Festsetzung des —s ZPO 1 S. 240
— als oberste Grenze für Bemessung des Beschwerdewerts ZPO 4 S. 61
—, Erhöhung des —s auf Beschwerde des Rechtsanwalts. Einfluß auf Gerichtskosten und Gebühren des Gegenanwalts NebenG S. 314
—, Änderung des —s durch das Gericht der höheren Instanz NebenG S. 380
—, Neue Festsetzung des —s nach Erlaß des Urteils der Revisionsinstanz NebenG S. 393
— nach § 10 II GKG bei Rentenansprüchen aus unerlaubter Handlung und aus dem Haftpflichtgesetz NebenG S. 401
—, Berechnung des —s wiederkehrender Leistungen bei Geltendmachung verschieden hoher Beträge für verschiedene Zeitabschnitte NebenG S. 421
— siehe auch Miterbe
Streitwertberechnung bei Anfechtungsklagen bezüglich eines mit Hypotheken belasteten Grundstücks ZPO 1 S. 14
— bei Klage auf Rückgängigmachung eines vom Verkäufer noch nicht erfüllten Kaufvertrages ZPO 1 S. 16
— bei Klagen auf Abnahme einer Kaufsache ZPO 1 S. 20
— bei Klagen auf Nichtigkeit eines Kaufvertrages ZPO 1 S. 21
— der Zinsen, die über den gesetzlichen Zinssatz hinaus zum Ausgleich eines Schadens verlangt werden ZPO 1 S. 29
Strohmann, Unterschied zwischen Scheingeschäft und Geschäftsabschluß durch vorgeschobene Person NebenG S. 64
Stundung und Klage nach § 259 ZPO ZPO 2 S. 247
Sukzessivlieferungsvertrag, Erfüllung im Sinne des § 17 KO beim — KO S. 82
—, Beteiligung am Vergleichsverfahren bei —en NebenG S. 146
— siehe auch Wasserlieferungsvertrag
Surrogationsprinzip, Bedeutung des sog. —s im Zwangsversteigerungsverfahren ZVG S. 218
Syndikatsklage, § 71 III GVG NebenG S. 229

T

Tabelle siehe Konkurstabelle

Tagesordnung, Unterbliebene Bekanntmachung der — bei der Berufung der Gläubigerversammlung. Wirkung auf Beschluß der Gläubigerversammlung KO S. 440

Tatbestand, Bezugnahme auf die vorbereitenden Schriftsätze als — des Urteils ZPO 3 S. 1

—, Verhalten des Berufungsgerichts bei ungenügendem — des Urteils erster Instanz ZPO 3 S. 1

—, Aufhebung des Berufungsurteils wegen Mängel des —s ZPO 3 S. 61

—, Berichtigung des —es eines Revisionsurteils ZPO 3 S. 80

— des Urteils, Erfordernisse ZPO 3 S. 108

— des Urteils, Kennzeichnung der erhobenen Ansprüche nach § 313 II 2 ZPO. Angabe einzelner Posten eines einheitlichen Schadensersatzanspruchs nicht notwendig ZPO 3 S. 166

Tatsachen, Zeugenbeweis über sog. innere — ZPO 3 S. 201

—, Neue — in der Revisionsinstanz ZPO 4 S. 71

—, Zur Geltendmachung von — im neuen Scheidungsverfahren, die im Vorprozeß hätten geltend gemacht werden können ZPO 4 S. 334

—, Ausschluß des Scheidungsrechts auf Grund von —, die die Partei in dem früheren Rechtsstreit geltend machen konnte oder geltend zu machen imstande war, § 616 ZPO ZPO 4 S. 361

Tauschvertrag, Einfluß der Zwangsverwaltung auf Übergabe des Besitzes eines Grundstücks an einen Dritten auf Grund eines —s ZVG S. 274

Teil, Zur Vollstreckbarerklärung nur eines —s des Schiedsspruchs ZPO 6 S. 210

Teilanspruch, Unterbrechung der Verjährung nur bzgl. des —s ZPO 2 S. 213

Teilarmenrechtsbewilligung im Eheprozeß ZPO 4 S. 344

Teilausschüttung, Verrechnung der vom Konkursverwalter geleisteten Auszahlung KO S. 581

Teilbarkeit der Leistungen des Lizenzgebers aus einem einfachen Lizenzvertrag mit gesellschaftlichem Einschlag im Sinne des § 36 II VerglO NebenG S. 211

Teilforderung siehe Absonderungsrecht

Teilklage, Forderungspfändung und — ZPO 5 S. 268

Teillieferungsvertrag, Keine rückwirkende Vertragsauflösung bei Ablehnung der weiteren Erfüllung eines —s im Vergleichsverfahren NebenG S. 175

Teilung, Zwangsversteigerung zum Zwecke der —. Fortsetzung des Verfahrens, wenn Anspruch erst nach Einleitung des Verfahrens fällig ZVG S. 337

Teilungsmasse KO S. 468—490

—, Widersprüche gegen die Bildung der — ZPO 5 S. 307

—, Widerspruchsklage im Verteilungsstreit bis zur Auszahlung der streitigen — ZPO 5 S. 312

Teilungsplan, Berechtigter im Sinne des § 117 ZVG bei Ausführung des —s ZVG S. 229

—, Ausführung des —s durch Übertragung der Forderung gegen den Ersteher auf einen zwar der Form, aber nicht der Sache nach Berechtigten ZVG S. 245

—, Amtspflichtverletzung des Zwangsversteigerungsrichters bei unrichtiger Aufstellung des —s. Haftung auch bei nicht erhobenem Widerspruch gegen den — im Verteilungstermin ? ZVG S. 264

Teilurteil, Notwendigkeit des —s im Falle der Stufenklage, § 254 ZPO ZPO 2 S. 205

— oder Zwischenurteil ZPO 3 S. 31

—, Zur Zulässigkeit eines —s über eine Widerklage ZPO 3 S. 57

—, Zulässigkeit ZPO 3 S. 99, 171

— oder Zwischenurteil über den Prinzipalantrag, Rechtsmittel ZPO 3 S. 166

— über eine Widerklage, die durch eine unselbständige Berufung in den Rechtsstreit eingeführt worden ist, unzulässig ZPO 4 S. 33

—, Zur Entscheidung über einzelne Teile einer nach Zeitabschnitten berechneten Schadensersatzforderung durch — ZPO 4 S. 90

— im Scheidungsverfahren unzulässig ZPO 4 S. 298
Teilversteigerung eines einheitlich verpachteten Grundstücks. Einfluß auf das Pachtverhältnis ZVG S. 121
Teilweise Zusprechung eines negativen Feststellungantrags ZPO 3 S. 65
Telegrafische Rechtsmitteleinlegung mittels Fernsprechers ZPO 3 S. 347
Telegrafisches Vertragsangebot mit „Brief folgt" ZPO 2 S. 78
Testamentsvollstrecker, Gerichtsstand der Erbschaft bei Klagen gegen — aus von ihnen in dieser Eigenschaft geschlossenen Verträgen ZPO 1 S. 69
—, Bei Pfändung eines Miterbenanteils ist der Pfändungsbeschluß dem — zuzustellen ZPO 5 S. 224
—, Gebühren des Anwalts für seine Arbeit als — und als Rechtsanwalt wegen Verfolgung von Ansprüchen des Nachlasses NebenG S. 353
Tod, Unterbrechung des Verfahrens bei dem — einer Partei nach Einlegung der Revision ZPO 2 S. 124
—, Aussetzung des Verfahrens wegen —es einer Partei. Zur Wirksamkeit des Beschlusses des Landgerichts, wenn er erst nach Einlegung der Berufung zugestellt ist ZPO 2 S. 140
—, Unterbrechung des Verfahrens durch — der Partei nach Zustellung des erstinstanzlichen Urteils und vor Bestellung eines Berufungsanwalts ZPO 2 S. 142
— der Partei nach Zustellung des Berufungsurteils und vor Revisionseinlegung ZPO 3 S. 299
—, Wiederaufnahme eines Scheidungsverfahrens nach dem —e des anderen ZPO 4 S. 232
Transportversicherung, Konkursvorrecht des § 80 VAG und — KO S. 561
Trauben, Pfändung von — auf dem Stock, Pflichten und Haftung des Gerichtsvollziehers ZPO 5 S. 274
Treuhänder, Anfechtbarkeit einer Zahlung, die der Gemeinschuldner als — an den Treugeber geleistet hat KO S. 225
—, Aussonderungsrecht des Treuhandgebers im Konkurse des —s KO S. 395
Treuhandinstitut, Konkursvorrecht des —s? KO S. 548
Treuhandvergleich und nachfolgender Konkurs KO S. 103
Treuhandverhältnis, Begriff und Erfordernisse KO S. 395
Treuhandvertrag und Widerspruchsklage aus § 771 ZPO ZPO 5 S. 146
Tschechoslowakische Staatsangehörige, Zur Zuständigkeit der deutschen Gerichte für die Scheidung —r —r ZPO 4 S. 355
Typischer Vertrag, Begriff ZPO 4 S. 108

U

Übergabe, Haftung des Gerichtsvollziehers für Abführung des Erlöses der zwangsversteigerten Sachen an den Gläubiger vor — der verkauften Gegenstände ZPO 5 S. 287
—, Einfluß der Zwangsverwaltung auf — des Besitzes eines Grundstücks an einen Dritten auf Grund eines Tauschvertrages ZVG S. 274
Übergang, Zur Frage des —s der Schiedsabrede auf den Abtretungsgläubiger ZPO 6 S. 265
Übergangener Anspruch im Urteil erster Instanz. Geltendmachung in der Berufungsinstanz ZPO 3 S. 54
Übergehung einer Hypothek bei Feststellung des geringsten Gebots. Ansprüche des Hypothekengläubigers ZVG S. 201
Übernahme des Rechtsstreits durch Grundstückserwerber, § 266 II ZPO ZPO 2 S. 277
—, Zur Erklärung der — des Prozesses als Hauptpartei an Stelle des Rechtsvorgängers und Zustimmung des Gegners ZPO 3 S. 203
— der Prozeßkostenpflicht NebenG S. 414
Überpfändung, Über den Schadensersatzanspruch des Schuldners wegen — ZPO 6 S. 158
Überschuldung siehe Gläubigerbenachteiligung

Überschüsse siehe Verteilung
Übertragung der Forderung gegen den Ersteher, Eintragung einer Sicherungshypothek für diese Forderung auf dem versteigerten Grundstücke ZVG S. 218
— auf einen zwar der Form, aber nicht der Sache nach Berechtigten ZVG S. 245
— auf unbestimmte Empfänger mit nachfolgender unrichtiger Eintragung der Sicherungshypothek ZVG S. 250
Übertragungsvermerk, Klage im Wechselprozeß aus Wechsel an eigene Order, auf dessen Rückseite der über der Namensschrift des Ausstellers stehende — durchgestrichen ist? ZPO 4 S. 255
— siehe Blankoindossament
Überwachung der Geschäftsführung siehe Konkursverwalter
Umschaffung, Vergleich zwischen Konkursverwalter und der versichertenVersicherungsgesellschaft umschaffende Wirkung? KO S. 581
Umwandlung einer Rentenschuld in eine Hypothek während des Zwangsversteigerungsverfahrens ZVG S. 168
— siehe Lebensversicherungsvertrag
Unabwendbarer Zufall im Sinne des § 233 ZPO, Begriff ZPO 2 S. 73, 78
— bei Fristversäumung durch Verschulden des Verkehrsvertreters? ZPO 2 S. 86
— bei Aufenthalt der Partei in einer Strafanstalt ZPO 2 S. 89
—, Zu späte Ablehnung des Armenrechts als — — ZPO 2 S. 98
—, Begriff. Verschulden des Probeassessors ZPO 2 S. 109
—, Verhinderung am Erscheinen im Verhandlungstermin ZPO 3 S. 189
— siehe auch Wiedereinsetzung in den vorigen Stand
Unbewegliche Vermögen, Zwangsvollstreckung wegen Geldforderungen in das — — **ZPO 5 S. 287—307**
Unehelichkeit, Klage des Kindes gegen die Mutter auf Feststellung seiner — ZPO 4 S. 365
Unentgeltliche Verfügung, Anfechtung der Zahlung der Schuld eines Gesellschafters durch die offene Handelsgesellschaft als —r —, § 31 KO KO S. 158
— im Sinne des § 32 Nr. 1 KO, Begriff KO S. 223
— im Sinne des § 32 Nr. 2 KO und Eigentumsvermutung des § 1362 BGB KO S. 230
—, Freiwillige Pfandbestellung keine — — im Sinne von § 3 Nr. 3 AnfGes. NebenG S. 1
— siehe auch Schenkung
Unentgeltlichkeit, Zur Frage der — in § 3 Nr. 3 AnfGes. NebenG S. 130
Unerlaubte Handlung, Begriff, Gerichtsstand für Klagen aus § 1 RHaftpflG ZPO 1 S. 100
—, § 823 I BGB gebietet nicht den Schutz des Eigentums eines anderen ZPO 6 S. 27
—, Zum Schadensersatzanspruch des Konkursverwalters aus —r —, die der Gesamtheit der Konkursgläubiger Schaden gebracht hat KO S. 233
—, Streit nach § 10 II GKG bei Rentenansprüchen aus —r — und dem Haftpflichtgesetz NebenG S. 401
— siehe auch Gerichtsstand der —n —
Unfall siehe Schadensermittlung
Unfallfürsorgegesetz siehe Ausschließliche Zuständigkeit des Landgerichts
Unfallrenten im Konkurs des Geschädigten ZPO 2 S. 316
—, Einheitlichkeit der nach § 843 BGB zuerkannten — ZPO 3 S. 63
Unfallversicherung zugunsten eines Dritten, Zur Frage des Rechtsnachfolgers im Falle des Todes des Versicherungsnehmers ZPO 2 S. 119
—, Anspruch des Gemeinschuldners aus — KO S. 25
— siehe auch Berufsgenossenschaft
Ungenauigkeit des Ausdrucks in der Urteilsformel ZPO 3 S. 65
Ungerechtfertigte Bereicherung, Anspruch aus —r — wegen auf Grund eines vom Konkursverwalter abgelehnten Kaufvertrages bewirkter Leistungen KO S. 88

—, Zur —n — der Konkursmasse bei rechtswirksamer Erfüllungsablehnung des Konkursverwalters des Verkäufers beim Kauf unter Eigentumsvorbehalt KO S. 97
—, Zum Anspruch auf Zurückgewähr des Massegläubigers aus —r —, § 60 KO KO S. 360
Unlauterer Wettbewerb siehe Rechtskraft und Unterlassungsklage
Unmittelbarer Besitzer oder Besitzdiener bei gepfändeten, im Gewahrsam belassenen Sachen? ZPO 5 S. 235
Unpfändbarkeit, Verzicht auf — ZPO 5 S. 197
— der Einkünfte nach § 850 I Nr. 3 ZPO ZPO 5 S. 242
Unselbständige Anschlußberufung, Begründungsfrist ZPO 4 S. 45
Unterbrechung und Aussetzung des Verfahrens **ZPO 2 S. 112—149**
— des Verfahrens bei Tod einer Partei nach Zustellung des Berufungsurteils und vor Einlegung der Revision? ZPO 3 S. 299
— der Berufungsbegründungsfrist durch den die Berufung als unzulässig verwerfenden Beschluß? ZPO 4 S. 30
— des schiedsrichterlichen Verfahrens durch Konkurs? ZPO 6 S. 225
— des Patentstreitverfahrens durch Konkurs des Klägers KO S. 59
— siehe auch Aufnahme
Unterbrechung der Verjährung, Rückbeziehung ZPO 2 S. 57
— nur bzgl. des eingeklagten Teilanspruchs ZPO 2 S. 213
— bei mangelhafter Zustellung des Zahlungsbefehls ZPO 2 S. 241
— durch Klageerhebung ZPO 6 S. 164
Unterhalt siehe Ehesachen
Unterhaltsansprüche, Vereitelung der — der geschiedenen Ehefrau. Verhältnis des § 826 BGB zu § 3 Nr. 1 AnfGes. NebenG 76
—, Zuständigkeit des Amtsgerichts für vertragliche — NebenG S. 263
Unterhaltsrente siehe Vergleich
Unterlassung, Zwangsvollstreckung zur Erzwingung von Duldungen und —en bei juristischen Personen ZPO 6 S. 9
—, Zwangsvollstreckung bei Verurteilung zur — übermäßiger Immissionen ZPO 6 S. 22
Unterlassungsklage gegen Ehrverletzungen durch die Presse. Gerichtsstand ZPO 1 S. 110
— bzgl. beleidigender Behauptungen, Rechtsschutzbedürfnis ZPO 2 S. 243
—, Inhalt einer Zeugenaussage zur Begründung einer gegen den Zeugen gerichteten — ZPO 3 S. 250
— nach § 1 des Gesetzes zur Bekämpfung des unlauteren Wettbewerbs. Aufnahme des infolge Konkurseröffnung unterbrochenen Verfahrens durch den Konkursverwalter KO S. 22
Untermieter, Konkurs des Untervermieters, Schadensersatzanspruch des —s wegen vorzeitiger Auflösung des Mietvertrags als Masseschuld KO S. 367
Unternehmen, Zur Zulässigkeit der Zwangsvollstreckung in ein — ZPO 5 S. 239
Unterschrift, Zur eigenhändigen — bei bestimmenden Schriftsätzen in Anwaltsprozessen ZPO 1 S. 339
—, Fehlen der — des Gerichtsvollziehers unter der Urschrift der Zustellungsurkunde ZPO 2 S. 52
—, Berufungsfrist bei Zustellung einer beglaubigten Urteilsabschrift, bei der —en von Richtern weggelassen sind ZPO 2 S. 65
—, Fehlen der —en auf der Urschrift des Urteils bei Zustellung und Rechtsmittelfrist ZPO 3 S. 315
— siehe auch Vertreter
Unterspediteur, siehe Spediteur
Unterwerfung unter die sofortige Zwangsvollstreckung durch Vertreter ohne Vertretungsmacht nach Genehmigung durch den Vertretenen ZPO 5 S. 129
Unterwerfungsklausel bzgl. sofortiger Zwangsvollstreckung in einem Vertragsangebot ZPO 5 S. 101
Unterzeichnung siehe Rechtsanwalt
Unzulässige Rechtsausübung, Gegeneinwand der —n — gegenüber der Einrede der Verjährung ZPO 4 S. 14

Unzulässige Rechtsausübung durch eine Ehefrau aus einem mit Mitteln des schuldenden Ehemannes bewirkten Erwerbs von vollstreckbaren Titeln ZVG S. 255
Unzulässigkeit des schiedsrichterlichen Verfahrens wegen Nichtbestehens eines Schiedsvertrages ZPO 6 S. 201
— bei Verstoß des Schiedsgerichts gegen das von ihm selbst angeordnete Verfahren ZPO 6 S. 201
— Voraussetzungen für Geltendmachung wegen Ungültigkeit des Schiedsvertrages ZPO 6 S. 208
—, Zulässigkeit einer Feststellungsklage auf — — — —s ZPO 6 S. 257
Unzuständiges Gericht siehe Sperrfrist
Unzuständigkeit, Nachträglich festgestellte — des Gerichts für die Hauptsache rechtfertigt die Aufhebung des Arrestes wegen veränderter Umstände nach § 927 I ZPO ZPO 6 S. 76
Urheber- und Verlagsrecht, Pfändung eines —s ZPO 5 S. 239
Urkunde, Zur Verwendung fremdsprachlicher —n ZPO 1 S. 351
—, Beweis durch —n **ZPO 3 S. 279—284**
—, Gebrauchsmusteranmeldung keine — im Sinne des § 580 Nr. 7 ZPO ZPO 4 S. 193
—, Restitutionsklage gegen die Verwerfung der Revision auf Grund neu aufgefundener —n unzulässig ZPO 4 S. 194
— im Sinne des § 580 Nr. 7b ZPO, Begriff ZPO 4 S. 199
—, Restitutionsklage auf Grund einer —, die erst nach Verkündung des erstinstanzlichen Urteils, aber noch vor Ablauf der Berufungsfrist errichtet worden ist ZPO 4 S. 219
— muß schon zur Zeit des Vorprozesses vorhanden gewesen sein, § 580 Nr. 7b ZPO ZPO 4 S. 235
— im Sinne des § 592 ZPO bei Datum ohne Unterschrift ZPO 4 S. 272
—, Zu der — im Urkundenprozeß ZPO 4 S. 282
—, Beschaffung von —n zur Zwangsvollstreckung, §§ 792, 896 ZPO ZPO 6 S. 11
Urkundenbeweis, Über den Antritt des —es ZPO 4 S. 221
— bei der Restitutionsklage bei Einigkeit der Parteien und Überzeugung des Gerichts von der Wahrheit ihrer Angaben nicht notwendig ZPO 4 S. 221
— im Wechselprozeß ZPO 4 S. 280
Urkunden- und Zeugenbeweis, Verschiedenheit ZPO 3 S. 211
Urkundenprozeß, Verwertung des Inhalts von Strafakten durch Parteivortrag im — ZPO 3 S. 108
—, Zur Beweiskraft der schriftlichen Privatzeugnisse im — ZPO 4 S. 257
—, wenn das zugrunde gelegte Saldoanerkenntnis sich zum Teil auf nichtige Posten bezieht ZPO 4 S. 267
—, Geltendmachung einer Forderung aus einer Bürgschaft im — ZPO 4 S. 274
—, Geltendmachung eines Anspruchs auf Hinterlegung einer bestimmten Geldsumme im —, § 592 ZPO? ZPO 4 S. 278
—, Zum Nachverfahren nach § 600 ZPO bei Abweisung des Klägers im — „angebrachtermaßen" ZPO 4 S. 285
—, Vorbehaltsurteil des —es bindend für die Entscheidung im Nachverfahren, Umfang der Bindung ZPO 4 S. 287
— siehe auch Nachverfahren und Richter
Urkunden- und Wechselprozeß **ZPO 4 S. 255—298**
Urkundsbeamter der Geschäftsstelle, Vermittelung der Zustellung durch den —n. Beglaubigung der Abschrift des zuzustellenden Schriftsatzes durch ihn ZPO 1 S. 327
— als Organ der Behörde bei der Zustellung gemäß § 166 ZPO ZPO 2 S. 6, 18
— siehe auch Notfrist
Ursächlicher Zusammenhang siehe Schadensermittlung
Urteil, Verfahren bis zum — **ZPO 2 S. 150—Ende** **ZPO 3 S. 1—194**
—, Wiedergabe des Inhalts der Zeugenaussage im — ZPO 3 S. 256

— über den Grund des Anspruchs bei Konkursanfechtung, Voraussetzungen KO S. 262
— siehe auch Vorläufig vollstreckbares — und Zustellung des Urteils
Urteilsabschrift, Beglaubigung der zuzustellenden — ZPO 2 S. 1
—, Zustellung einer unvollständigen beglaubigten —, Berufungsfrist ZPO 2 S. 65
Urteilsänderung nach Vollstreckung und Schadensersatz gemäß § 717 II ZPO. Kein Zinsanspruch ZPO 5 S. 8
—, Zur Schadensersatzpflicht bei — nach Vollstreckung des für vorläufig vollstreckbar erklärten Urteils ZPO 5 S. 97
—, Erstattungsanspruch aus § 717 III ZPO bei — nach Vollstreckung ZPO 5 S. 109
—, Schadensersatzpflicht des Zessionars nach § 717 II ZPO ZPO 5 S. 134
— siehe auch Abänderung
Urteilsauslegung, Umfang und Tragweite des Anerkenntnisurteils ZPO 2 S. 335
Urteilserschleichung ZPO 3 S. 70
—, Einstweilige Verfügung als Mittel zur Sicherung des Anspruchs auf Anfechtung eines erschlichenen Urteils und Aufhebung der Wirkungen seiner Rechtskraft ZPO 6 S. 106
Urteilsformel, Ungenauigkeit des Ausdrucks in der — ZPO 3 S. 65
Urteilsurschrift ohne Unterschriften bei Zustellung und Rechtsmittelfrist ZPO 3 S. 315
Urteilsverkündung, Statt — Zustellung der Urteilsformel von Amts wegen, Rechtsfolgen ZPO 3 S. 157
— durch Einzelrichter ZPO 3 S. 183

V

Vaterschaftsfeststellung siehe Abstammung und Zahlvaterschaft
Veränderte Umstände, Nachträglich festgestellte Unzuständigkeit des Gerichts der Hauptsache rechtfertigt die Aufhebung des Arrestes wegen —r — nach § 927 I ZPO ZPO 6 S. 76
— bei einstweiliger Verfügung, § 927 ZPO Rechtsmittel ZPO 6 S. 94
—, Zulässigkeit einer besonderen Klage auf Aufhebung einer einstweiligen Verfügung wegen —r — ZPO 6 S. 156
Veranlagungserklärung, Zustellung der — bei Zwangsverwaltung ZVG S. 5
Veräußerung des Mietgrundstücks schließt Abtretung der Mietforderung an den Erwerber des Grundstücks in sich, § 265 ZPO ZPO 2 S. 202
—, Wirksamkeit der Vermietung oder — eines zu einer Konkursmasse gehörigen Grundstücks gegenüber der Konkursmasse, § 21 KO KO S. 85
Veräußerungsvertrag, Zur Anfechtung eines —s durch den Konkursverwalter, wenn das Entgelt dem Wert der veräußerten Gegenstände entspricht KO S. 141
Verbindung mehrerer Streitsachen und Gebührenpflicht ZPO 1 S. 327
— von Prozessen und Erlaß besonderer Urteile ohne förmlichen Trennungsbeschluß. Berechnung der Revisionssumme ZPO 1 S. 334
Verbotene Handlung, Prüfung, ob die durch Schiedsspruch auferlegte Handlung gesetzlich verboten ist, noch bis zum Erlaß des Vollstreckungsurteils ZPO 6 S. 247
Verbotsgesetz, Zur Prüfung der Frage des Verstoßes gegen ein — bei Anerkennung eines ausländischen Urteils ZPO 5 S. 60
Verein, Nicht rechtsfähiger — als Kläger ZPO 1 S. 147
—, Zum Formerfordernis der Schiedsklauseln in Satzungen nicht rechtsfähiger —e ZPO 6 S. 292
Vereinbarter Gerichtsstand, Stillschweigende Vereinbarung ZPO 2 S. 239
Vereinbarung über die Zuständigkeit der Gerichte ZPO 1 S. 127
— der Parteien über Aussetzung des Verfahrens ZPO 2 S. 121
— zwischen Hypothekengläubiger und Ersteher über Bestehenbleiben der Hypothek. Rechtswirkung gegenüber dem Bürgen für die persönliche Schuld ZVG S. 160

Vereinsmitglied, Ernennung eines anderen —s zum Schiedsrichter durch Vereinsvorstand, obwohl Satzung Wählbarkeit vorsieht ZPO 6 S. 215
Verfallklausel bei Stundung KO S. 391
Verfolgungsrecht nach § 44 KO bei Übergabe des Frachtbriefs KO S. 279
— aus § 44 KO gegenüber der im Konkurse erfolgten Anfechtung, § 30 KO KO S. 283
— des Verkäufers nach § 44 KO KO S. 288
Vergleich, Anspruch auf Erhöhung der in einem privatschriftlichen — festgesetzten Unterhaltsrente wegen Geldentwertung ZPO 3 S. 114
—, Revisionszurücknahme und außergerichtlicher — ZPO 4 S. 13
— des Gläubigers mit Drittschuldner über die ihm zur Einziehung überwiesene Forderung mit Wirkung gegenüber dem Schuldner ZPO 5 S. 284
—, Nichtanwendung des § 894 I ZPO auf Willenserklärungen eines —s nach § 794 ZPO ZPO 6 S. 17
—, Abschluß eines —s und Anfechtung desselben im schiedsrichterlichen Verfahren. Zuständigkeit des Schiedsgerichts ZPO 6 S. 250
—, Zum Rücktritt des Absonderungsberechtigten von einem —, weil der Gemeinschuldner nicht erfüllt hat KO S. 391
— zwischen Konkursverwalter und der versicherten Versicherungsgesellschaft, umschaffende Wirkung? KO S. 581
— zur Abwendung des Konkurses und Berufung des Bürgen darauf KO S. 611
—, Rückforderung des gezahlten übermäßigen Honorars trotz —s NebenG S. 328
— siehe auch Anfechtung, Prozeßvergleich und Schadensersatzanspruch nach § 717 II ZPO
Vergleichsgebühr bei Vergleich über mehrere Prozesse NebenG S. 420
Vergleichsgläubiger siehe Absonderungsrecht
Vergleichsordnung NebenG S. 146—219
Vergleichsquote, Herabsetzung der persönlichen Forderung eines Absonderungsberechtigten auf die — beim Zwangsvergleich im Konkurs? KO S. 611
Vergütung, Anspruch des Schiedsrichters auf — nicht nur von einer, sondern beiden Parteien. Vorzeitige Beendigung der schiedsrichterlichen Tätigkeit ZPO 6 S. 239
— siehe auch Rechtsanwaltsvergütung und Sondervergütung
Verhandlung, Beschwerde gegen die Ablehnung des Antrags, die — zur Hauptsache anzuordnen (§ 275 II ZPO), ist unzulässig ZPO 2 S. 203
—, Erneute — des Schiedsgerichts nach Erlaß aber noch nicht erfolgter Zustellung des Schiedsspruchs ZPO 6 S. 198
Verhandlungsgebühr bei Wahrnehmung des Termins durch einen nicht zum Stellvertreter amtlich bestellten Referendar NebenG S. 317
— des Rechtsanwalts nach § 17 RAGebO NebenG S. 320
Verhindern s. Hinderung
Verjährung bei Ruhen des Verfahrens ZPO 2 S. 145
—, Bedeutung der Klagerücknahme für die — des Anspruchs ZPO 2 S. 228
— der Abänderungsklage ZPO 3 S. 81
—, Gegeneinwand der unzulässigen Rechtsausübung ZPO 4 S. 14
— des Schadensersatzanspruchs aus § 945 ZPO ZPO 6 S. 135, 164
— der Ersatzklage gegen den Konkursverwalter KO S. 434
—, Entstehen und — des Regreßanspruchs gegen einen Rechtsanwalt NebenG S. 289
— siehe auch Hemmung und Unterbrechung der —
Verkauf siehe Veräußerung
Verkehrsanwalt, Voraussetzungen für Kostenerstattung für — durch den Gegner NebenG S. 310
Verkehrsgebühr des Anwalts, Voraussetzungen NebenG S. 334
Verkehrsvertreter, Zur Frage des unabwendbaren Zufalls gemäß

§ 233 ZPO bei Fristversäumung durch Verschulden des —s bzw. dessen Angestellten ZPO 2 S. 86
Verkündung, Inkrafttreten des Urteils auf Aufhebung einer einstweiligen Verfügung mit — ZPO 6 S. 56
Vermessungen, Gericht der Hauptsache, wenn bei dem Amtsgericht eine einstweilige Verfügung erwirkt worden ist, um dem Antragsteller — zu ermöglichen, deren er zur Feststellung einer Forderung bedarf ZPO 6 S. 68
Vermieter, Absonderungsrecht des —s im Konkurse des Mieters KO S. 488
— siehe auch Untermieter
Vermieterpfandrecht, Erlöschen des —s durch die im Wege der Zwangsvollstreckung erfolgende Entfernung der Sachen von dem Grundstück ZPO 5 S. 196
Vermietung, Wirksamkeit der — oder Veräußerung eines zu einer Konkursmasse gehörigen Grundstücks gegenüber der Konkursmasse, § 21 KO KO S. 85
Verminderung, Einfluß späterer — des Beschwerdegegenstandes auf Zulässigkeit des Rechtsmittels ZPO 4 S. 40
Vermittlung der Zustellung durch den Urkundsbeamten der Geschäftsstelle ZPO 2 S. 18
Vermögen siehe Gerichtsstand des —s
Vermögensrechtlicher Anspruch, Zur Frage, ob ein Streit über einen —n — vorliegt, § 546 I ZPO ZPO 4 S. 66
— im Sinne des § 546 ZPO bei Feststellung der Zugehörigkeit zu einer eingetragenen Genossenschaft ZPO 4 S. 82
Vermögensübernahme, Anfechtung gegen den Rechtsnachfolger desjenigen, der das Vermögen des Ersterwerbers übernommen hat NebenG S. 133
Vermögensverzeichnis, Verbindung der Klage auf Vorlegung eines —ses, Leistung des Offenbarungseides und Zahlung der geschuldeten Summe. Notwendigkeit eines Teilurteils ZPO 2 S. 205
—, Zum Begriff der Ordnungsmäßigkeit des —ses nach § 807 ZPO ZPO 6 S. 46
Vernehmung, Persönliche — des zu Entmündigenden ZPO 4 S. 410
Verneinende Abstammungsfeststellungsklage. Art der Beweisführung und Umfang der Beweislast ZPO 4 S. 382
Verneinende Feststellungsklage, Rechtskraft ZPO 3 S. 193
Verpfändung, Anfechtung einer Faustpfandbestellung des Gemeinschuldners an einer ihm vom Eigentümer zum Zwecke der — geliehenen Sache KO S. 153
—, Anfechtung einer — nach § 24 Nr. 1 KO und § 3 Nr. 1 AnfGes. NebenG S. 9
Verrechnung, Zur Tilgung der Stammeinlageschuld des Gesellschafters einer GmbH durch — ZPO 3 S. 99
Versäumung, Folgen der —. Wiedereinsetzung in den vorigen Stand **ZPO 2 S. 73—111**
Versäumnisurteil, Zur Frage, ob das nach fruchtlosem Ablauf der Frist gemäß § 89 I ZPO erlassene Endurteil als — anzusehen ist ZPO 1 S. 202
—, Aufhebung des —s und Anerkenntnis nach § 93 ZPO. Zur Anfechtung der Kostenentscheidung ZPO 1 S. 288
—, Gebühr des Anwalts, der den Gegner der den Einspruch einlegenden Partei vertritt, für die mündliche Verhandlung, auf die das — erlassen ist, § 17 RAGebO NebenG S. 327
—, Entscheidungsgebühr bei Zurückweisung eines Antrags auf Erlassung eines —s NebenG S. 378
—, Ladungsfrist beim Einspruch gegen ein — ZPO 2 S. 70
—, Angabe des Zustellungstages im Wiedereinsetzungsantrag nicht erforderlich ZPO 2 S. 96
—, Wesentliche Mängel der Zustellung eines —s durch Verzicht nicht heilbar ZPO 2 S. 132
—, Zustellung des —s zweiter Instanz an erstinstanzlichen Anwalt ZPO 2 S. 132
—, Unzulässigkeit des —s bei Vertagung der Verhandlung ZPO 3 S. 26
—, Beschwerde gegen Ablehnung eines —s ZPO 3 S. 51

Versäumnisurteil, Zweites —. Zum unabwendbaren Zufall ZPO 3 S. 189
— oder kontradiktorisches Urteil bei Nichterscheinen des Berufungsklägers, wenn Berufung nicht statthaft oder nicht ordnungsgemäß eingelegt ist ZPO 3 S. 290
— bei Säumnis des Berufungsklägers? ZPO 4 S. 141
— oder kontradiktorisches Urteil im Falle des § 666 III ZPO bei Säumnis des Antragsstellers? ZPO 4 S. 400
— und Vollstreckungsgegenklage ZPO 5 S. 33
— siehe auch Nichtigkeitsklage, Öffentliche Zustellung und Rechtskraft
Versäumnisverfahren in der Berufungsinstanz ZPO 3 S. 343
—, Zur Fortsetzung des schiedsrichterlichen Verfahrens nach Erlaß eines Schiedsspruchs, der im — erlassen und deshalb aufgehoben ist ZPO 6 S. 206
Verschmelzung von Genossenschaften. Rechtsstellung der Gläubiger der übernommenen Genossenschaft im Vergleichsverfahren der übernehmenden NebenG S. 200
Verschulden des Anwalts, der die Vertretung der armen Partei niedergelegt hat und Wiedereinsetzung in den vorigen Stand ZPO 2 S. 106
— des Restitutionsklägers, die neu vorgebrachte Urkunde nicht bereits im früheren Verfahren vorgelegt zu haben. § 580 Nr. 7b ZPO ZPO 4 S. 201
— des Arrestklägers bei dem Festhalten an einem erwirkten Arrest ZPO 6 S. 158
—, Zur Haftung des Spruchrichters. Falsche Rechtsansicht des Richters als — NebenG S. 231
— siehe auch Unabwendbarer Zufall
Verschwendung, Entmündigungsprozeß wegen —. Recht des zu Entmündigenden auf Zuziehung zu den Beweisverhandlungen? ZPO 4 S. 395
—, Verbindung des Entmündigungsverfahrens wegen Geisteskrankheit und wegen — ZPO 4 S. 407
Verschwiegenheit, Entbindung des Zeugen von der Verpflichtung zur — ZPO 3 S. 240
Versicherung siehe Unfallversicherung
Versicherungsaufsichtsgesetz, Konkursvorrecht des § 80 — und Transportversicherung KO S. 561
—, Rückversicherung und Konkursvorrecht nach § 80 —. Aufnahme der Forderung in die laufende Rechnung bei der Gemeinschuldnerin KO S. 581
Versicherungsnehmer siehe Nachlaßkonkurs
Verspätetes Vorbringen, Mitschuldantrag und Zurückweisung wegen —n —s ZPO 3 S. 363
— s. auch Angriffs- und Verteidigungsmittel
Versteigerung, Übermäßige Ausdehnung der —, § 818 ZPO ZPO 5 S. 170
— eines Wechsels auf Grund des § 844 ZPO ZPO 5 S. 184
—, Eigentumserwerb durch — ZPO 5 S. 264
—, Anordnung der — ZVG 15—48 ZVG 142—145
Versteigerungsbedingungen ZVG S. 91—142
Versteigerungserlös, Pfändung zukünftigen —es ZPO 5 S. 193
—, Recht des Eigentümers einer zu Unrecht versteigerten Sache in Ansehung des —es ZPO 5 S. 264
—, Abführung des —es der zwangsversteigerten Sachen an den Gläubiger vor Übergabe der verkauften Gegenstände ZPO 5 S. 287
—, Zum Anteil des Eigentümers mitversteigerter fremder Gegenstände an dem — ZVG S. 76
—, Einwirkung einer außerhalb des geringsten Gebots stehenden Auflassungsvormerkung bei der Verteilung des —es auf nacheingetragene Rechte ZVG S. 142
—, Verteilung des —es ZVG S. 194, 270
—, Verteilung des —es bei nicht gleichmäßiger Belastung der einzelnen Raumteile eines Grundstücks entsprechend § 112 ZVG ZVG S. 240
—, Rechte des Schuldners am — ZVG S. 255

Versteigerungsrichter siehe Amtspflichtverletzung
Versteigerungstermin, Bestimmung des —s ZVG S. 61—91
—, Bedeutung der Vorgänge im — für die Auslegung des Zuschlagsbeschlusses ZVG S. 173
Vertagung, Beschwerde gegen Ablehnung der — der mündlichen Verhandlung ZPO 1 S. 329
—, Ablehnung von —santrägen ZPO 2 S. 67
— der Verhandlung. Ladung der nicht erschienenen Partei ZPO 3 S. 26
— eines Zwangsversteigerungstermins, Voraussetzungen ZVG S. 125
Verteidigungsmittel, Zur Zurückweisung verspäteter — im Berufungsverfahren ZPO 1 S. 351
— siehe auch Angriffs- und —
Verteilung **KO S. 562—588**
— der Überschüsse bei der Zwangsverwaltung bzgl. des Hypothekengläubigers, der mit seiner Kapitalforderung dem betreibenden persönlichen Gläubiger beigetreten ist ZVG S. 293
— siehe auch Versteigerungserlös
Verteilungsgericht, Zuständigkeit ZPO 5 S. 310
Verteilungsstelle für Gerichtsvollzieheraufträge, Rechtsverhältnis der Partei zur — ZPO 2 S. 37
Verteilungsverfahren **ZPO 5 S. 307—Ende**
—, Besonderheit der Widerklage bei einem — ZPO 5 S. 307
—, Berücksichtigung der Aufhebung des Arrestbefehls im —. Stellung der Gläubiger ZPO 6 S. 153
Vertrag, Zum Begriff des typischen —s ZPO 4 S. 108
Vertragsangebot, Unterwerfung unter die sofortige Zwangsvollstreckung in einem — ZPO 5 S. 101
Vertragsauslegung und § 55 KO KO S. 336
Vertragsstrafe wegen Zuwiderhandlungen gegen ein Konkurrenzverbot, begangen nach Konkurseröffnung, als Konkursforderung KO S. 29
Vertrauensperson zur Sanierung eines notleidenden Unternehmens. Anfechtbarkeit der an sie geleisteten Vergütungszahlungen KO S. 254
Vertretbare Handlung, Vollstreckungsgegenklage findet auch bei Zwangsvollstreckung —r —en Anwendung ZPO 5 S. 5
—, Zwangsvollstreckung ZPO 6 S. 2, 4
—, Auflassung als — — im Sinne des § 887 ZPO ZPO 6 S. 17
Vertretbare Sachen, Keine Rückgewähr —r — nach § 37 KO KO S. 262
Vertreter, Besonderer — für den Prozeß, § 57 ZPO ZPO 1 S. 146
—, Zustellung der Klage an Kläger als — der beklagten Partei ZPO 2 S. 3
—, Unterschrift des bevollmächtigten —s mit Namen der Firma des Vertretenen, § 126 I BGB ZPO 4 S. 259
—, Unterwerfung unter die sofortige Zwangsvollstreckung durch — ohne Vertretungsmacht nach Genehmigung durch den Vertretenen ZPO 5 S. 129
—, Zur Bestimmung eines zeitweiligen —s im Falle der Verhinderung des nach § 65 GVG bestimmten regelmäßigen —s des Vorsitzenden NebenG S. 220
Vertreter ohne Vertretungsmacht. Anfechtung einer vom Gemeinschuldner bestellten Hypothek durch den Konkursverwalter, wenn der dingliche Vertrag für den Hypothekengläubiger durch einen — — — abgeschlossen worden ist KO S. 198
Vertreterwahlen siehe Nichtigkeit
Vertretung, Einrede der mangelnden gesetzlichen — ZPO 1 S. 135
— ohne Vollmacht, §§ 88, 89 ZPO ZPO 1 S. 202
—, Kostenersatz für — im auswärtigen Beweisaufnahmetermin ZPO 1 S. 255
—, Rüge des Mangels der gesetzmäßigen — in der Revisionsinstanz. Heilung des Mangels durch Genehmigung ZPO 4 S. 104
— eines Mitglieds des Gläubigerausschusses bei Erfüllung seiner gesetzlichen Pflichten unzulässig KO S. 452

Vertretung siehe auch Nichtigkeitsklage
Verwaltungsbehörde, Entscheidung über Zulässigkeit des Rechtswegs, wenn — die Sache in gleicher Art beurteilt wie das Gericht ZPO 2 S. 176
Verwaltungszwangsverfahren, Herabsetzung der dem Rechnungsbeamten zu zahlenden Gebühren durch den Oberlandesgerichtspräsidenten und Durchführung der Rückzahlung im — beim Amtsgericht NebenG S. 394
Verwandte, Beweislast bei der Anfechtung eines zwischen —n vorgenommenen Erfüllungsgeschäfts NebenG S. 130
— siehe auch Ehegatte
Verwertung der gepfändeten Sachen durch Übereignung an den Gläubiger. Wirkung des guten Glaubens des Erwerbers an das Zurechtbestehen des Pfändungsrechts ZPO 5 S. 247
— von Massegegenständen, an denen ein Konkursgläubiger ein Faustpfandrecht hat KO S. 472
Verwirkung des Gebührenanspruchs eines Rechtsanwalts durch mißbräuchliche Ausübung des Zurückbehaltungsrechts an seinen Handakten NebenG S. 334
— von Rückforderungsansprüchen wegen Übermaßes von Anwaltsgebühren NebenG S. 359
Verzeichnis, Zur Überprüfung des auf der Geschäftsstelle des Amtsgerichts niedergelegten —ses des Konkursverwalters von Amts wegen, § 151 KO KO S. 455
Verzicht, Wesentliche Mängel der Zustellung eines Versäumnisurteils durch — nicht heilbar ZPO 2 S. 132
— auf Einrede der Rechtshängigkeit nicht möglich. Berücksichtigung der Einrede von Amts wegen ZPO 2 S. 362
— auf Berufung ZPO 3 S. 331
— auf Revision ZPO 4 S. 151
— des Prozeßbevollmächtigten auf Rechtsmittel in Ehesachen ohne besonderen Auftrag ZPO 4 S. 304
— auf den Scheidungsanspruch, wenn Gegner in der Vorinstanz bereits die Mitschuldigerklärung erreicht hat ZPO 4 S. 324
— auf Rechtsmittel im Scheidungsverfahren auf Grund einer die Erleichterung der Scheidung abzielenden Vereinbarung ZPO 4 S. 325
—, Pfändung vor Ablauf der Frist nach § 798 ZPO. Berechnung der Frist. — des Schuldners auf Einhaltung der Frist ZPO 5 S. 69
— auf Unpfändbarkeit ZPO 5 S. 197
—, Zur Anwendung des § 942 ZPO bei — des Gläubigers ZPO 6 S. 163
— des Arrestgegners auf Einhaltung der Frist des § 929 III Satz 2 unzulässig ZPO 6 S. 171
— des Konkursverwalters auf Erfüllung durch Schweigen KO S. 79
— auf Aufrechnung. Wirkung für den Fall des Konkurses des Aufrechnungsgegners KO S. 352
— einer Partei auf die Befolgung des Grundsatzes der Öffentlichkeit der Verhandlung NebenG S. 277
— siehe auch Klagerücknahme und Parteiverzicht
Verzug, Ausschluß bei Rechtsirrtum ZPO 2 S. 250
— Folge des —s für die Erfüllung des Vergleichs NebenG S. 154
Verzugszinsen, Einwendungen des verklagten Gesellschafters gegen die Höhe der — trotz Rechtskraft des im Gesellschaftsprozeß ergangenen Urteils ZPO 3 S. 141
— bei öffentlichrechtlichen Verbindlichkeiten ZPO 2 S. 250
Viehpfändung ZPO 5 S. 256
Vollbeendigung einer OHG, Einfluß auf die Wirksamkeit des Urteils gegen die persönlich haftenden Gesellschafter ZPO 3 S. 141
Vollmacht, Vertretung ohne —, §§ 88, 89 ZPO ZPO 1 S. 202
—, Fortdauer der Prozeß— des bisherigen Armenanwalts nach Beiordnung eines anderen ZPO 1 S. 211
—, Zur Amtspflichtverletzung des Prozeßrichters durch ungenügende Prüfung der — des Prozeßvertreters ZPO 1 S. 222

— siehe auch Beglaubigte —
Vollstreckbare Ausfertigung, Zur Beschwerde bzgl. Erteilung und Verweigerung der —n — ZPO 5 S. 1
—, Erteilung einer —n — des für vorläufig vollstreckbar erklärten Urteils an Rechtsnachfolger des Gläubigers? ZPO 5 S. 17
Vollstreckbare Urkunden, Zwangsvollstreckung aus —n —. Erteilung der Vollstreckungsklausel ZPO 5 S. 95
Vollstreckbarer Schuldtitel für eine nach § 146 VI KO angemeldete Forderung muß im Prüfungstermin vorliegen KO S. 530
—, Vom Konkursgläubiger früher erwirkter — — und Feststellung zur Konkurstabelle KO S. 578
—, Erfordernisse des Anordnungs- und des Beitrittsbeschlusses im Zwangsversteigerungsverfahren. Bezugnahme auf den —n— ZVG S. 36
—, Berücksichtigung eines erst nach der Klagerhebung erlangten —n —s bei der Anfechtungsklage nach § 2 AnfGes. NebenG S. 29
—, Zur Wahrung der Frist nach § 4 AnfGes., wenn — — noch nicht erlangt ist NebenG S. 60
—, Keine Abweisung der Klage auf Grund einer Anfechtungseinrede nach § 5 AnfGes., wenn der — — nur vorläufig vollstreckbar ist NebenG S. 86
—, Zum Nachprüfungsrecht des Prozeßrichters im Anfechtungsverfahren, ob der — — rechtmäßig erlassen worden ist NebenG S. 139
Vollstreckbarerklärung, Zur Anfechtung des Schiedsvertrages bei — des Schiedsspruchs ZPO 6 S. 192
— nur eines Teils des Schiedsspruchs ZPO 6 S. 210
—, Widerspruch gegen die — oder Vollstreckungsgegenklage bei Vorbringen neuer sachlich rechtlicher Einwendungen gegen den in einem Schiedsspruch festgestellten Anspruch? ZPO 6 S. 275
—, Zur Zulässigkeit einer Klage auf — eines Schiedsspruchs ZPO 6 S. 294
Vollstreckbarkeit siehe Vorläufige — ZPO 4 S. 72
Vollstreckung schweizerischer Urteile ZPO 3 S. 118, 127
—, siehe auch Vorläufige —
Vollstreckungsakte, Voraussetzungen für Anfechtbarkeit von —n gegen den Schuldner als Rechtshandlungen desselben NebenG S. 72
Vollstreckungsgegenklage, Zur Entstehung des Kostenerstattungsanspruchs. Über Zeitpunkt des Vorbringens der Einwendungen der in § 767 II ZPO gedachten Art wie Stundung, Vergleich gegen ihn ZPO 1 S. 283
—, findet auch b. Zwangsvollstreckung vertretbarer Handlungen Anwendung ZPO 5 S. 5
—, Gerichtsstand ZPO 5 S. 18
— und Versäumnisurteil ZPO 5 S. 33
—, Aufrechnung nach dem Schluß der mündlichen Verhandlung ZPO 5 S. 43
— und Kostenfestsetzungsbeschluß, der auf Grund des angefochtenen Urteils erlassen ist ZPO 5 S. 63
— gegen rechtsgestaltende Urteile (Ehescheidungsurteil) ZPO 5 S. 76
—, Zuständigkeit für die — gegen ein ausländisches Urteil ZPO 5 S. 151
— oder Widerspruch gegen die Vollstreckbarerklärung bei Vorbringen neuer sachlich rechtlicher Einwendungen gegen den in einem Schiedsspruch festgestellten Anspruch? ZPO 6 S. 275
Vollstreckungsgericht, Bestimmung seiner Zuständigkeit durch das Reichsgericht ZPO 5 S. 113
— bei Vollziehung einer einstweiligen Verfügung ZPO 6 S. 62
—, Einstellungsbeschluß des —s, § 37 Nr. 5 ZVG. Form, Zustellung ZVG S. 102
—, Zur Zustellung des Beschlusses, durch den das höhere Gericht ein gemeinsames — bestellt ZVG S. 125
Vollstreckungsklausel, Erteilung der — für Urteil über den Betrag vor Rechtskraft des Zwischenurteils über den Grund des Anspruchs ZPO 3 S. 121

Vollstreckungsklausel, Grenzen für die Geltendmachung von Einwendungen gegen eine — im Wege der Klage ZPO 5 S. 27
—, Einwendungen gegen Zulässigkeit der — ZPO 5 S. 30
—, Berücksichtigung von Tatsachen, von deren Eintritt die Leistungspflicht in der notariellen Urkunde nicht abhängig gemacht ist, bei Erteilung der — ZPO 5 S. 56
—, Erteilung der — bei vollstreckbaren Urkunden, § 794 Ziff. 5 ZPO ZPO 5 S. 95
—, Rechtliche Tragweite, Voraussetzung ihrer Erteilung und ihre Beseitigung. Beweislast ZPO 5 S. 103
—, Klage auf Erteilung der — ZPO 5 S. 150
Vollstreckungsschutzmaßnahmen, Tragweite der — der Verordnung vom 26. V. 1933 in der Zwangsversteigerung ZVG S. 346
Vollstreckungstitel siehe Vollstreckbarer Schuldtitel
Vollstreckungsurteil, Erteilung des —s nur für einen Teil des Schiedsspruchs ZPO 6 S. 210
— im schiedsrichterlichen Verfahren, Zuständigkeit, wenn Schiedsspruch auf Widerklage ergangen ist ZPO 6 S. 219
—, Prüfung, ob die durch Schiedsspruch auferlegte Handlung gesetzlich verboten ist, noch bis zum Erlaß des —s ZPO 6 S. 247
Vollziehung einer einstweiligen Verfügung und Vollstreckungsgericht ZPO 6 S. 62
—, Zum Umfang des Schadensersatzanspruchs aus der — eines unrechtmäßigen Arrestes ZPO 6 S. 158
—, Verjährung von Schadensersatzansprüchen aus der — ungerechtfertigter einstweiliger Verfügungen ZPO 6 S. 164
Vollziehungsfrist nach § 929 III Satz 2 ZPO ZPO 6 S. 149
Vorabentscheidung über eine zur Aufrechnung gestellte Gegenforderung ZPO 3 S. 35
— über den Grund des Anspruchs ohne Berücksichtigung einer eventuell vorgeschützten Aufrechnungseinrede ZPO 3 S. 48
— über den Grund des Anspruchs § 304 ZPO ZPO 3 S. 65
— über den Grund des Anspruchs auf eine nach § 843 BGB für Lebenszeit geforderte Rente ZPO 3 S. 97
— über den Grund des Anspruchs auf eine Rente und Festlegung der Zeitdauer ZPO 3 S. 192
— s. auch Grundurteil und Zwischenurteil
Vorauszahlung von Miete und Zwangsverwaltung ZVG S. 270
Vorbehalt, Zur Klage auf Schadensersatz unter — der Feststellung der Höhe des Schadens in einem besonderen Verfahren ZPO 2 S. 155
Vorbehaltsurteil nach § 302 I ZPO ZPO 3 S. 92
—, Zur Nachprüfung der Voraussetzungen eines —s in zweiter Instanz ZPO 3 S. 167
— siehe auch Nachverfahren
Vorbereitung, Rechtsanwaltsgebühren für — der Zwangsvollstreckung NebenG S. 304
Vorläufig vollstreckbarer Schuldtitel siehe Vollstreckbarer Schuldtitel
Vorläufig vollstreckbares Urteil, Leistung auf Grund eines — —n —s als Erfüllung im Sinne des § 17 KO KO S. 71
— siehe auch Urteilsänderung
Vorläufige Forderungspfändung siehe Vorpfändung
Vorläufige Vollstreckbarkeit in der Revisionsinstanz ZPO 4 S. 72
— des Berufungsurteils. Anordnung durch das Revisionsgericht ZPO 4 S. 104
—, Zum Antrag auf Abwendung der Vollstreckung durch Sicherheitsleistung nach Anordnung der —n — des Urteils ZPO 5 S. 3
—, Abänderung in der höheren Instanz durch Urteil ZPO 5 S. 48
Vorläufige Vollstreckung gegen den Bürgen. Wirkung ZPO 5 S. 74
—, Tilgung des Anspruchs ZPO 5 S. 190
Vorerbe siehe Nacherbe
Vormerkung, Löschung der auf Grund einer einstweiligen Verfügung eingetragenen — einer Hypothek bei Sicherheitsleistung ZPO 6 S. 88

—, Zur **Hauptklage** bei Sicherung einer Bauforderung im Wege einstweiliger Verfügung durch — ZPO 6 S. 112
—, Vollziehung einer die Eintragung einer — für eine Sicherungshypothek anordnenden einstweiligen Verfügung bei verspäteter Zustellung ZPO 6 S. 119
—, Klage des Grundstückseigentümers auf Bewilligung der Löschung einer —, die auf Grund einer nicht rechtzeitig vollzogenen einstweiligen Verfügung eingetragen ist ZPO 6 S. 146
—, Klage des Konkursverwalters auf Löschung von —en, die vor dem Ausbruche des Konkurses von Gläubigern zur Sicherung von Anfechtungsansprüchen erwirkt sind KO S. 145
— für Hypothek gewährt ein Absonderungsrecht im Konkurs KO S. 314
— eines nicht befriedigten Konkursgläubigers auf einem dem Gemeinschuldner gehörigen und dem Konkursverwalter unbekannt gebliebenen Grundstück bei der Nachtragsverteilung nach § 166 KO KO S. 562
—, Sicherung des Rückgewähranspruchs aus § 7 AnfGes. durch Eintragung einer — in das Grundbuch NebenG S. 54
— siehe auch Zwangsvormerkung
Vormundschaftsgericht siehe Geschäftsunfähigkeit
Vorpfändung, Vorliegen eines vollstreckbaren Titels bei der Pfändungsankündigung ZPO 5 S. 52
— und Anfechtung der nachfolgenden gerichtlichen Pfändung nach §§ 29ff. KO ZPO 5 S. 219
—, Anfechtung der Pfändung ergreift nicht auch die — ZPO 5 S. 221
—, Bedeutung der Pfändungsankündigung für zukünftige Konkursmasse KO S. 5
—, Zur Wirksamkeit der — bei Pfändung von Mieten durch Ersuchen um Eintragung des Zwangsverwaltungsvermerks beim Grundbuchamt ZVG S. 281
Vorprozeß, Zur Verwertung der im — abgegebenen Zeugenaussagen ZPO 3 S. 211
—, Zur Geltendmachung von Tatsachen im neuen Scheidungsprozeß, die im — hätten geltend gemacht werden können ZPO 4 S. 334
— siehe auch Eheanfechtungsgrund
Vorrecht des § 10 Nr. 1 ZVG für die Zwangsverwaltungskosten ZVG S. 1
— der Vorschüsse, die der die Zwangsverwaltung betreibende Gläubiger geleistet hat ZVG S. 15
— aus § 10 Nr. 3 ZVG für Straßenanliegerbeiträge ZVG S. 5
— des § 10 Nr. 1 ZVG für Schiffspfandgläubiger wegen Auslagen für Erhaltung und Verbesserung des Schiffes ZVG S. 332
Vorschuß, Vorrecht für den von dem die Zwangsverwaltung betreibenden Gläubiger geleisteten — ZVG S. 15
— im Sinne des § 84 RAGebO, Rechtsnatur NebenG S. 342
—, Rückzahlung des —es bei nachträglicher Bestellung zum Armenanwalt NebenG S. 342
Vorsitzende, Zur Verhinderung des —n eines Senats an der Führung des Vorsitzes NebenG S. 247, 250, 253
Vorteil, Begriff des besonderen —s im Sinne des § 96 VerglO vom 5. 7. 1927 NebenG S. 156
Vorzeitige Beendigung, Einfluß —r — der schiedsrichterlichen Tätigkeit auf Vergütungsanspruch des Schiedsrichters ZPO 6 S. 239

W

Wahlrecht des Konkursverwalters. § 17 KO KO S. 54
—, Unerfüllte Ansprüche des anderen Teils als Masseforderungen KO S. 364
Wahrnehmung berechtigter Interessen, Zum Schutz des § 193 StGB für den Zeugen ZPO 3 S. 250
Wandelungsklage siehe Gerichtsstand des Erfüllungsorts
Wassergeldrückstände, Zahlung der — durch den Zwangsverwalter ZVG S. 311

Wasserlieferungsvertrag Sukzessivlieferungsvertrag oder Wiederkehrschuldverhältnis? Konkurs des Abnehmers KO S. 106
Wechsel, Versteigerung eines —s auf Grund des § 844 ZPO ZPO 5 S. 184
—, Indossierung eines einredebehafteten —s während des Konkurses des Wechselschuldners KO S. 47
—, Anspruch auf Sicherstellung nach Art. 26, 29 WO auch wegen fälliger —? KO S. 166
—, Rechte des Konkursverwalters bzgl. eines dem Gemeinschuldner gegebenen und von diesem verwerteten Gefälligkeitsakzepts KO S. 479
—, Anfechtung einer Rechtshandlung des Schuldners, wenn wegen eines aus Gefälligkeit gegebenen —s eine Hypothek bestellt war NebenG S. 108
— siehe auch Kundenwechsel, Prolongationswechsel und Kontokorrentverhältnis
Wechselakzept, Zur Erfüllungsablehnung durch Konkursverwalter des Verkäufers beim Kauf unter Eigentumsvorbehalt trotz Hingabe von —en KO S. 97
Wechselindossament, Beweis der Gläubigerbenachteiligung bei Anfechtung von —en, § 31 KO KO S. 182
Wechselklage siehe Ehefrau
Wechselprotest siehe Prokuraindossament
Wechselprotestkosten bei Berechnung der Revisionssumme ZPO 4 S. 55
Wechselprozeß, Klage im — aus Wechsel an eigene Order, auf dessen Rückseite der über der Namensschrift des Ausstellers stehende Übertragungsvermerk durchstrichen ist? ZPO 4 S. 255
—, Vorverfahren und Nachverfahren ZPO 4 S.271
—, Urkundenbeweis und Beweislast im — ZPO 4 S. 280
Wechselsache als Feriensache NebenG S.239
Wechselverpflichtung, Anfechtung einer —. Beweis der Gläubigerbenachteiligung, § 31 Nr. 2 KO KO S. 122
Wechselzahlungen des Gemeinschuldners. Anfechtung nach § 34 KO KO S. 169
Wegfall der Sicherheitsleistung, § 109 I ZPO ZPO 1 S. 294
Weigerung des zur Ernennung des Obmanns eines Schiedsgerichts Berufenen, die Ernennung vorzunehmen, unwiderruflich ZPO 6 S. 257
Weitere Beschwerde, Zur Entscheidung über — — gegen einen Beschluß, der die Beschwerde lediglich als unzulässig verworfen hat ZPO 4 S. 168
— zulässig gegen Entscheidung, die sachlich mit einer Entscheidung der Vorinstanzen übereinstimmt, aber auf Verletzung wesentlicher Verfahrensvorschriften beruht ZPO 4 S. 176
Wertersatz, Zum Anspruch auf Auskunftserteilung und — wegen der in der Vergangenheit abgehobenen Gehaltsbeträge im Anfechtungsverfahren NebenG S. 126
Wertfestsetzung siehe Streitwert
Wertpapiere, Zum Gerichtsstand des Vermögens bei —n, insbesondere Inhaberpapieren ZPO 1 S. 96
— siehe auch Girokonto
Wesentliche Bestandteile eines Grundstücks und Zuschlagsbescheid ZVG S. 91
—, Eigentum an nicht —n —n einer einheitlichen Sache als ein deren Veräußerung hinderndes Recht ZPO 5 S. 118
Wettbewerbsverbot, Vorzeitige Kündigung des Dienstvertrages eines Vorstandsmitglieds einer AG im Vergleichsverfahren beseitigt nicht ohne weiteres -- NebenG S. 166
Widerklage, Zulässigkeit der — gegen die Besitzklage, durch welche das Recht selbst geltend gemacht wird, § 33 ZPO ZPO 1 S. 52
—, Kosten einer nur angekündigten — ZPO 1 S. 250
—, Zulässigkeit einer eventuellen —? ZPO 2 S. 171
—, Einrede der mangelnden Kostenerstattung gegenüber —n ZPO 2 S. 208
—, Zur Zulässigkeit eines Teilurteils über eine — ZPO 3 S. 57

—, Berufung in Ehesachen zur Erhebung einer — ZPO 3 S. 341
—, Zulässigkeit eventueller —n in Ehesachen ZPO 4 S. 307
—, Besonderheit der — bei einem Verteilungsstreit ZPO 5 S. 307
—, Zuständigkeit für Klage auf Vollstreckbarerklärung des Schiedsspruchs, wenn dieser auf Widerklage ergangen ist ZPO 6 S. 219
—, Kostenschuldner bei Klage und — nach dem GKG bei Aufstellung der Jahresrechnung NebenG S. 386
— siehe auch Revisionssumme und Teilurteil
Widerruf der Annahme des Prozeßvergleichs ZPO 1 S. 352
— eines Anerkenntnisses ZPO 2 S. 163
— eines nach bestimmten Weisungen abgelegten Geständnisses des Prozeßbevollmächtigten wegen Irrtums ZPO 2 S. 329
— der Zurücknahme der Berufung wegen betrügerischer Vorspiegelungen ZPO 4 S. 7
— des Bezugsrechts eines Dritten auf die Lebensversicherungssumme durch Arrestpfandgläubiger des Versicherungsnehmers ZPO 6 S. 174
— der Bezugsberechtigung aus einer Lebensversicherung bei Abtretung der Versicherungsansprüche ZPO 6 S. 174
— der Weigerung, einen Obmann des Schiedsgerichts zu ernennen, unzulässig ZPO 6 S. 257
Widerspruch gegen den Beschluß des Arrestgerichts auf Zuständigkeitserklärung in der Hauptsache ZPO 6 S. 60
— gegen eine vom Amtsgericht gem. § 942 ZPO erlassene einstweilige Verfügung ZPO 6 S. 119
— gegen die Vollstreckbarerklärung oder Vollstreckungsgegenklage bei Vorbringen neuer sachlichrechtlicher Einwendungen gegen den in einem Schiedsspruch festgestellten Anspruch ? ZPO 6 S. 275
—, Der im Verteilungstermin einer Zwangsversteigerung erhobene — des Konkursverwalters als Leistungsverweigerung im Sinne des § 41 Abs. 2 KO KO S. 228
—, Zurücknahme des —s nach § 144 I KO KO S. 561
— des Schuldners gegen den Verteilungsplan. Ziele des —s ZVG S. 255
—, Unterlassung des —s gegen unrichtigen Teilungsplan. Staatshaftung ZVG S. 264
— des Schuldners gegen Zwangsvollstreckung auf Grund eines früher erwirkten Zwangsvollstreckungstitels im Vergleichsverfahren NebenG S. 154
Widerspruchsklage, Einwand der Arglist in der Zwangsversteigerung gegenüber der — ZVG S. 68
—, Zulässigkeit der — nur noch gegen den Ersteher nach außergerichtlicher Befriedigung der zur Hebung gekommenen Hypothekengläubiger ZVG S. 240
Widerspruchsklage nach § 771 ZPO des Inhabers einer in einem Zwangsvollstreckungsverfahren gepfändeten Forderung ZPO 5 S. 26
— gegen Pfändung von Zubehör ZPO 5 S. 39
—, Gerichtsstand ZPO 5 S. 45
—, Rechtskraft bei — ZPO 5 S. 50
—, Besitz als ein die Veräußerung hinderndes Recht ZPO 5 S. 86
—, Eigentum an nicht wesentlichen Bestandteilen als ein die Veräußerung hinderndes Recht ZPO 5 S. 118
— des Treugebers ZPO 5 S. 146
Widerspruchsklage nach § 878 ZPO, Zuständigkeit für die — gegen einen Verteilungsplan ZPO 5 S. 310
—, Zulässigkeit der — im Verteilungsstreit bis zur Auszahlung der streitigen Teilungsmasse ZPO 5 S. 312
Widerspruchsverfahren, Zur Zulässigkeit der Revision, wenn im — gegen eine einstweilige Verfügung die Berufung als unzulässig verworfen ist ZPO 4 S. 78
Wiederaufnahme des Verfahrens ZPO 4 S. 185—255
— eines Scheidungsverfahrens nach dem Tode des anderen Ehegatten ZPO 4 S. 232
—, Außerordentliche — des Verfahrens bei Unrichtigkeit der Entscheidung durch Verschulden der benachteiligten Partei ZPO 4 S. 250

Wiedereinsetzung in den vorigen Stand. Folgen der Versäumung ZPO 2 S. 73—111
— gegen Versäumung rechtzeitigen Vorbringens einer verfahrensrechtlichen Rüge? ZPO 4 S. 102
—, Antrag des Revisionsbeklagten auf — gegen Versäumung der Frist des § 556 I ZPO ZPO 4 S. 136
— gegen Versäumung der Berufungsfrist. Nachprüfung des Beschlusses im Revisionsverfahren ZPO 4 S. 159
— siehe auch Unabwendbarer Zufall
Wiedereinsetzungsantrag, Parteiverzicht auf Form und Frist des —s ZPO 2 S. 96
— der armen Partei, wenn Anwalt im Lauf der Berufungsbegründungsfrist sein Mandat niedergelegt hat, ohne diese Frist zu verlängern ZPO 2 S. 106
Wiedereinsetzungsfrist, Beginn der — nach Ablehnung des Armenrechts bei Einreichung eines zweiten Armenrechtsgesuchs ZPO 2 S. 102
Wiedereröffnung der mündlichen Verhandlung ZPO 1 S. 326
— des Verfahrens nach Erlaß, aber noch nicht erfolgter Zustellung des bereits gefällten Schiedsspruchs ZPO 6 S. 198
Wiederholung einer Berufung innerhalb der Berufungsfrist, wenn erste Berufung unzulässig war ZPO 4 S. 27
— von Ehescheidungsklagen wegen Aufhebung der häuslichen Gemeinschaft, § 55 EheGes. ZPO 4 S. 362
Wiederkehrende Leistungen, Wertbestimmung des Streitgegenstandes bei Rückständen —r — ZPO 1 S. 1
—, Festellungsklage bzgl. —r — gegen Reich oder Staat ZPO 2 S. 250
—, Abänderung eines Urteils auf — — ZPO 3 S. 63
— siehe auch Streitwert
Wiederkehrschuldverhältnis siehe Wasserlieferungsvertrag
Willenserklärung, Zwangsvollstreckung aus Urteil, durch welches der Schuldner verurteilt ist, eine — abzugeben ZPO 6 S. 11
—, Verurteilung zur Abgabe einer — bei beschränkter Erbenhaftung. Urteilsvollzug ZPO 6 S. 12
—, § 894 I ZPO nicht anwendbar auf —en, zu deren Abgabe sich eine Partei in einem nach § 794 ZPO vollstreckbaren Vergleich verpflichtet hat ZPO 6 S. 17
—, Zwangsvollstreckung eines Urteils auf Abgabe einer Auflassungserklärung und § 894 ZPO ZPO 6 S. 23
—, Verurteilung zur Abgabe einer —, § 894 ZPO. Rechtswirkung des Urteils bei Rechtskraft ZPO 6 S. 33
Wirtschaftlich Beteiligte im Sinne des § 114 IV ZPO, Auslegung ZPO 1 S. 323
Wohnsitz, Wechsel des —es des Beklagten nach Klagerhebung im Scheidungsverfahren ZPO 2 S. 342
Wucher. Anspruch auf Rückgewähr ZPO 3 S. 22

Z

Zahlungsbefehl, Erschlichener — ZPO 5 S. 20
— siehe auch Formmangel und Mahnverfahren
Zahlungs- und Vollstreckungsbefehl, Zur Rechtsgültigkeit eines von einem Referendar erlassenen —s NebenG S. 223
Zahlungseinstellung. Zeitliche Schranken der auf — beruhenden Anfechtbarkeit. §§ 33 u. 30 Nr. 2 KO KO S. 120
—, Zum Gegenbeweis des Anfechtungsbeklagten, wenn die anfechtbare Handlung in die letzten 10 Tage vor der — oder den Eröffnungsantrag fällt KO S. 172
—, Begriff KO S. 242, 465
Zahlungsunfähigkeit im Sinne des § 2 und § 4 AnfGes. 27 NebenG S. 27
Zahlungsverbot gegen Gesellschafter einer OHG wirkt nicht als — gegen OHG als Drittschuldnerin ZPO 5 S. 253
Zahlvaterschaft oder blutmäßige Abstammung als Gegenstand der Abstammungsklage ZPO 4 S. 375

Zeitliche Schranken der auf Zahlungseinstellung beruhenden Anfechtbarkeit früherer Rechtshandlungen, §§ 30 Nr. 2, 33 KO KO S. 201
Zeitpunkt des anfechtbaren Erwerbes, Bestimmung des —s bei Abtretung von Mietzinsen unter nachträglicher Zustimmung des Nießbrauchers des Hauses NebenG S. 84
Zeitungsverlag, Zur Frage der Zwangsvollstreckung in das gewerbliche Unternehmen eines —s ZPO 5 S. 239
Zeitversäumnis, Ersatz für — sind nicht nach § 91 ZPO zu ersetzen ZPO 1 S. 233
Zessionar, Schadensersatzpflicht des —s nach § 717 II ZPO ZPO 5 S. 134
Zeuge, Vernehmung von —n oder Parteien über wesentliche Streitpunkte durch Sachverständigen ZPO 3 S. 279
—, Schriftliche Erklärung des —n im Eheverfahren ZPO 4 S. 341
—, Wiederholte Vernehmung der —n nach Anfechtung der Entmündigung ZPO 4 S. 395
—, Schiedsrichter als — über im Schiedsspruch gebrauchte Wendungen ZPO 6 S. 254
—, Gemeinschuldner als — in Prozessen zur Feststellung der Passivmasse KO S. 13
Zeugenaussage. Zur Berücksichtigung der Aussage des Zeugen, der nach seiner Vernehmung Partei geworden ist ZPO 3 S. 200
— über sog. innere Tatsachen ZPO 3 S. 201
—, Wiedergabe des Inhalts der — im Urteil ZPO 3 S. 256
—, Zur Beweiskraft der von einer Partei eingereichten schriftlichen, von dem Aussteller selbst unterzeichneten — im Urkundenprozeß ZPO 4 S. 257
Zeugenbeweis ZPO 3 S. 197—261
Zeugen- und Urkundenbeweis, Verschiedenheit ZPO 3 S. 211
Zeugengebühren, Beschwerde oder Erinnerung gegen Ansatz von — NebenG. S. 384
Zeugenvernehmung. Bestimmung des zulässigen Gerichts nach § 36 Nr. 3 ZPO im Beweissicherungsverfahren, um einheitliche Vernehmung mehrerer Zeugen zu ermöglichen ZPO 1 S. 125
—, Zur Rüge der Partei, die von der — nicht rechtzeitig benachrichtigt worden ist ZPO 3 S. 248
Zeugnispflicht und Zeugnisverweigerung öffentlicher Beamten ZPO 3 S. 207
Zeugnisverweigerung öffentlicher Beamten ZPO 3 S. 207
— eines Rechtsanwalts, der von beiden Parteien als Vertrauensperson zugezogen worden ist ZPO 3 S. 217
— des Inhabers eines Auskunftsbüros ZPO 3 S. 220
— des Buchhalters und Prokuristen einer Fabrik ZPO 3 S. 222
— eines Arztes ZPO 3 S. 225
Zeugnisverweigerungsrecht und Aussagegenehmigung ZPO 3 S. 228
— nach § 383 I Ziff. 5 ZPO, wenn Partei gesetzlich gezwungen gewesen ist, den Zeugen zur Wahrnehmung der Tatsachen, über die er vernommen werden soll, zuzulassen ZPO 3 S. 228
— des Kaufmanns ZPO 3 S. 231
—, Entscheidung über Rechtmäßigkeit des —s auf Grund nicht vorgebrachter, sich von selbst ergebender Gesichtspunkte ZPO 3 S. 231
— des Bürovorstehers eines Notars aus 383 Ziff. 5 ZPO ZPO 3 S. 236
—, Verfahren, § 389 I ZPO ZPO 3 S. 241
—, Rechtsmittel bei Entscheidung des Berufungsgerichts über das — in den Gründen des Endurteils ZPO 3 S. 246
Zinsen, Streitwertberechnung der —, die über den gesetzlichen Zinssatz hinaus zum Ausgleich eines Schadens verlangt werden ZPO 1 S. 29
—, Zum Anspruch auf — bei Schadensersatz nach § 717 II ZPO ZPO 5 S. 8
—, Pfändung des Rechtes auf die zukünftigen — einer Briefhypothek ZPO 5 S. 198
— für die Zeit nach dem Zwangsvergleich ? KO S. 611

Zinsen siehe auch Nichtigkeitsklage und Rangordnung
Zollanspruch des Reichs geht mit dem für den Staat geschaffenen Konkursvorrecht auf den zahlenden Zollbürgen über KO S. 402
Zubehör, Widerspruchsklage gegen Pfändung von — ZPO 5 S. 39
— im Konkurs KO S. 36
—, Erfordernisse, um — eines zur Zwangsversteigerung kommenden Grundstücks von der Mitversteigerung auszuschließen ZVG S. 65
—, Zuschlag und —, das nicht dem Grundstückseigentümer gehört ZVG S. 136
—, Zuschlag bei erkennbarem Besitz eines Dritten an dem sog. tatsächlichem — ZVG S. 148
— mehrerer zugleich versteigerter Grundstücke, auf denen bisher ein einheitliches Fabrikgeschäft betrieben worden ist. Verteilung des Gesamterlöses. Ist das — als — der Fabrik im ganzen oder der einzelnen Grundstücke zu betrachten? ZVG S. 198
—, Klage eines Dritten gegen den die Zwangsverwaltung betreibenden Hypothekengläubiger auf Bewilligung der Herausgabe ihm gehörigen —s durch den Zwangsverwalter ZVG S. 297
—, Anfechtung durch Hypothekengläubiger bei Entfernung von — NebenG S. 92
Zufall siehe Unabwendbarer —
Zugeständnis des Eigentumsrechts, Prozessuale Bedeutung ZPO 3 S. 53
Zukünftiger Versteigerungserlös, Pfändung —n —es ZPO 5 S. 193
Zulässigkeit der Revision, wenn im Widerspruchsverfahren gegen eine einstweilige Verfügung die Berufung als unzulässig verworfen ist ZPO 4 S. 78
— bei Feststellung der Zugehörigkeit zu einer eingetragenen Genossenschaft ZPO 4 S. 82
— bei Ermäßigung des Klagantrags unter die Revisionssumme und Erhebung der negativen Feststellungsklage in Höhe des ermäßigten Betrages? ZPO 4 S. 110
— bei Revisionsbegründung ohne Anträge ZPO 4 S. 140
— gegen ein wegen Säumnis des Berufungsklägers die Berufung als unzulässig verwerfendes Urteil ZPO 4 S. 141
— bei Klagabweisung auf Grund einer vom Beklagten eventuell zur Aufrechnung gestellten Gegenforderung ZOP 6 S. 137
— siehe auch Reich
Zurückbehaltungsrecht bei Ansprüchen aus gegenseitigen Verträgen wegen verjährter Ansprüche ZPO 6 S. 164
— an Hypothekenbriefen im Konkurse? KO S. 300
—, Verwirkung des Gebührenanspruchs eines Rechtsanwalts durch mißbräuchliche Ausübung des —s an seinen Handakten NebenG S. 334
Zurücknahme des Rechtsmittels unter Angabe des Grundes und erneute Einlegung nach Ablauf der Berufungsfrist ZPO 2 S. 91
—, Klage auf — beleidigender Behauptungen, Erfordernisse ZPO 2 S. 243
— des Versteigerungsantrags durch den im Range vorgehenden von mehreren betreibenden Gläubigern. Wirkung ZVG S. 48
— siehe auch Klagerücknahme
Zurücknahme der Berufung durch Hauptpartei und Weiterverfolgung seiner Berufung durch Nebenintervenienten ZPO 3 S. 324
—, Wirkungen der — durch Parteieinverständnis nicht zu beseitigen ZPO 4 S. 7
—, Widerruf der — wegen betrügerischer Vorspiegelungen ZPO 4 S. 7
Zurücknahme der Revision, Anfechtung ZPO 4 S. 93
Zurückverweisung, Bindung des unteren Gerichts an die Rechtsauffassung des Beschwerdegerichts ZPO 3 S. 225
— bei Entscheidung über prozeßhindernde Einreden, § 538 I Ziff. 2 ZPO 3 S. 307
—, Ausdehnende Anwendung des § 538 Nr. 2 ZPO ZPO 3 S. 339
— nach § 538 I Nr. 3, wenn die Sache zur Entscheidung über den Betrag reif ist ZPO 4 S. 90

Zurückweisung s. Angriffs- und Verteidigungsmittel und Verspätetes Vorbringen, § 529 ZPO ZPO 3 S. 360, 363
Zuschlag, Zum Beschwerderecht des Gläubigers gegenüber dem — wegen Nichtaufnahme der Kosten in das geringste Gebot ZVG S. 1
—, Wirkung des —s bei nicht hinreichend deutlicher Bezeichnung des Grundstücks in der Bekanntmachung des Versteigerungstermins ZVG S. 61
— bei doppelter Grundstückseintragung ZVG S. 72
—, Wirkung eines —s „unter den gesetzlichen Versteigerungsbedingungen" gegenüber einer vorausgegangenen abweichenden Vereinbarung ZVG S. 102
— und Zubehörstücke, die nicht dem Grundstückseigentümer gehören ZVG S. 136
—, Entscheidung über den — **ZVG S. 145—192**
— bei erkennbarem Besitz eines Dritten an sog. tatsächlichem Zubehör ZVG S. 148
—, Ergänzung des —s ZVG S. 154
—, Rechtliche Bedeutung ZVG S. 159
— siehe auch Eigentümergrundschuld
Zuschlagsbescheid und wesentliche Bestandteile eines Grundstücks ZVG S. 91
Zuschlagsbeschluß, Nachprüfung der einem — gegebenen Auslegung in der Revisionsinstanz ZVG S. 65
—, Zur rechtsgestaltenden Wirkung des —es. Auslegung. Befugnis des Zwangsversteigerungsrichters zur Ergänzung oder Änderung des —es ZVG S. 173
—, Grenzen der Auslegungs- und Berichtigungsmöglichkeit bei einem — ZVG S. 181
—, Klage auf Nichtigkeitserklärung eines —es gegen den Versteigerungsbeamten und den Ersteher unzulässig ZVG S. 192
Zuständigkeit, Vereinbarung über die — der Gerichte ZPO 1 S. 127
— der deutschen Gerichte für Scheidungsverfahren von Ausländern ZPO 4 S. 336, 347, 351, 355
— der Gerichte in Ehesachen. Staatenlose ZPO 4 S. 337
—, Heilung des Mangels der — bei Ehescheidungsklage ZPO 4 S. 364
— des Gerichts für die Entscheidung nach § 825 ZPO. Zur Frage seiner Bestimmung ZPO 5 S. 113
— für die Widerspruchsklage gegen einen Verteilungsplan ZPO 5 S. 310
— des Schiedsgerichts für Anfechtung eines vor ihm abgeschlossenen Vergleichs ZPO 6 S. 250
— des Amtsgerichts für vertragliche Unterhaltsansprüche NebenG S. 263
— siehe auch Ausschließliche — der Landgerichte, Örtliche — und Sachliche —
Zuständigkeitserklärung, Widerspruch gegen den Beschluß des Arrestgerichts auf — in der Hauptsache ZPO 6 S. 60
Zustellung ZPO 2 S. 1—66
—, Bedeutung der von Amts wegen bewirkten — nicht verkündeter Urteile ZPO 2 S. 91
—, Zur Angabe des Tages der — im Wiedereinsetzungsantrag ZPO 2 S. 96
— durch Aufgabe zur Post bei Ladung nach § 244 II 1 ZPO ausgeschlossen ZPO 2 S. 132
— des Versäumnisurteils zweiter Instanz an erstinstanzlichen Anwalt nach Wegfall des zweitinstanzlichen Prozeßbevollmächtigten ZPO 2 S. 132
—, Nachholung der versäumten — der Klage ZPO 2 S. 252
—, Demnächstige — im Sinne des § 496 III ZPO, Begriff ZPO 2 S. 271
— der Urteilsformel von Amts wegen statt Urteilsverkündung. Rechtsfolgen. ZPO 3 S. 157
— einer Urteilsausfertigung, Wirksamkeit ZPO 3 S. 162
—, Vollziehung einer die Eintragung einer Vormerkung für eine Sicherungshypothek anordnenden einstweiligen Verfügung bei verspäteter — ZPO 6 S. 119

Zustellung, Zur Frage der Rechtswirksamkeit der Geschäfte, die von einem durch einstweilige Verfügung bestellten Geschäftsführer abgeschlossen sind, bei nicht erfolgter — des Nachweises über die Hinterlegung der Sicherheit innerhalb der Vollziehungsfrist ZPO 6 S. 149
—, Erfordernisse der die — des Schiedsspruchs an die Parteien betreffenden Beurkundung ZPO 6 S. 216
—, Wirkung der — eines Schiedsspruchs ZPO 6 S. 234
— der Veranlagungserklärung bei Zwangsverwaltung ZVG S. 5
Zustellung des Beschlusses, Zur Wirksamkeit eines Beschlusses des Landgerichts auf Aussetzung des Verfahrens, wenn er erst nach Einlegung der Berufung zugestellt worden ist ZPO 2 S. 140
—, durch den das höhere Gericht ein gemeinsames Vollstreckungsgericht bestellt ZVG S. 125
—, durch welchen der Anspruch eines Hypothekengläubigers auf den Versteigerungserlös nach erteiltem Zuschlag gepfändet wird ZVG S. 145
Zustellung des Urteils an nicht prozeßfähige Person und Rechtsmittelfrist ZPO 1 S. 150
— eines notwendigen Streitgenossen, Rechtswirkung für Rechtsmittelfrist in Ansehung der anderen Streitgenossen ZPO 1 S. 154
— durch Nebenintervenient ZPO 1 S. 189
—, Vermittelung der — durch den Gerichtsschreiber ZPO 1 S. 327
—, Keine Heilung der Mängel bei — durch Unterlassen der rechtzeitigen Rüge in der höheren Instanz ZPO 2 S. 256
—, Wirksamkeit ZPO 3 S. 162
— bei Entscheidung ohne mündliche Verhandlung im Ehescheidungsprozeß ZPO 4 S. 330
— von Amts wegen in Rechtsstreitigkeiten zur Feststellung der blutmäßigen Abstammung ZPO 4 S. 380
—, Inkrafttreten des Urteils auf Aufhebung einer einstweiligen Verfügung mit Verkündung oder —? ZPO 6 S. 56
Zustellungsempfänger bei Bestellung eines Pflichtanwalts für die arme Partei ZPO 1 S. 208
Zustellungsurkunde, Begriff und Wesen der Zustellung ZPO 2 S. 52
— siehe auch Heilung
Zustellungsvertreter, Pflichten des Zwangsversteigerungsrichters bei Bestellung und Überwachung des —s ZVG S. 44
Zwangshypothek aus mehreren Schuldtiteln ZPO 5 S. 290
— und Arresthypothek ZPO 5 S. 296
—, Nacheintragung für die später festgesetzte Prozeßkostenforderung unter 300 M ZPO 5 S. 300
—, Eintragung einer — wegen derselben Forderung noch auf einem anderen Grundstück ZPO 5 S. 306
—, Löschung einer —, die nach Eintritt des Erbfalls auf einem Nachlaßgrundstück eingetragen worden ist, durch Konkursverwalter KO S. 640
—, Eintragung einer — auf mehrere Grundstücke ZVG S. 22
—, Eintragung einer — für mehrere Forderungen einer Berufsgenossenschaft an Beiträgen nach dem Gewerbe - Unfallversicherungsgesetz ZVG S. 22
Zwangsvergleich KO S. 589—626
—, Aufhebung des Konkurses durch — nach erfolgter Anfechtungsklage des Konkursverwalters. Kostenentscheidung ZPO 1 S. 269
—, Zur Wirksamkeit des im Konkurse geschlossenen —s für die absonderungsberechtigten Gläubiger KO S. 303
—, Zur Einwirkung eines —s auf eine im Konkurs aufrechenbare Forderung KO S. 318
—, Zur Befriedigung aus dem Gegenstande des Absonderungsrechts (Pfandrecht) nach Abschluß eines —s und Aufhebung des Konkurses KO S. 380
—, Zum Fortgang des Prozeßverfahrens, wenn auf Feststellung einer vom Verwalter bestrittenen Konkursforderung geklagt ist und der Konkurs durch — beendet wird KO S. 517

—, Zwangsvollstreckung aus — KO S. 589
—, Auslegung des § 181 KO KO S. 591
— bei Konkurs einer OHG. Haftung des Gesellschafters, der vor Konkurseröffnung ausgeschieden ist KO S. 594
—, Einfluß der Konkursbeendigung durch — auf die vom Konkursverwalter angestrengten Anfechtungsprozesse KO S. 597
—, Wirkung des in einem ausländischen Konkursverfahren abgeschlossenen —s auf Inland KO S. 609
—, Zur Nichtigkeit eines Nebenabkommens beim Zwangsvergleich KO S. 607
—, Zinsen für die Zeit nach dem —? KO S. 611
— zur Aufhebung des Konkurses eines Ersatzpflichtigen. Geschädigter kann danach volle Befriedigung aus der Haftpflichtversicherungsforderung verlangen KO S. 622
— siehe auch Anfechtung, Konkursdividende, Nichtigkeit, Schadensersatzklage, Vergleichsquote, Zinsen

Zwangsvergleichsbürge, Zur Verantwortlichkeit des Konkursverwalters für die Erfüllung der ihm obliegenden Pflichten gegenüber dem —n KO S. 430

Zwangsvergleichsquote, Zum Anspruch des absonderungsberechtigten Gläubigers nach Konkursbeendidung auf Zahlung der — KO S. 314

Zwangsversteigerung und Zwangsverwaltung in besonderen Fällen **ZVG S. 337—338**
— siehe auch Widerspruch

Zwangsversteigerungsrichter, Zur Pflicht des —s, die vom Grundbuchamt erteilten Abschriften und Auskünfte auf ihre Richtigkeit zu überprüfen. Pflichten bei Bestellung und Überwachung des Zustellungsvertreters ZVG S. 44
—, Befugnis des —s zur Ergänzung oder Änderung des Zuschlagsbeschlusses ZVG S. 173
— siehe auch Amtspflichtverletzung

Zwangsversteigerungstermin, Voraussetzungen für Vertagung eines —s ZVG S. 125

Zwangsverwalter, Erlöschen der amtlichen Tätigkeit des —s mit Aufhebung der Zwangsverwaltung ZVG S. 276
—, Rechtliche Stellung des —s gegenüber dem Nießbraucher des zwangsverwalteten Grundstücks ZVG S. 278
—, Zur Befugnis des —s, nach Aufhebung der Zwangsverwaltung die Auszahlung und Überweisung einer noch nicht verteilten Masse zu betreiben ZVG S. 281

Zwangsverwaltung ZVG S. 270—381
—, Vorrecht für die von dem die — betreibenden Gläubiger geleisteten Vorschüsse ZVG S. 15
—, Rechtliche Folgen, wenn eine Mietzinsverfügung gegenüber dem früheren Konkursbeschlag unwirksam, gegenüber der — wirksam ist KO S. 94

Zwangsverwaltungskosten, Zum Vorrecht des § 10 Nr. 1 ZVG für die — ZVG S. 1

Zwangsverwaltungsmasse, Zur — gehören Forderungen aus Rechtsgeschäften, die der Zwangsverwalter im Rahmen des von ihm fortgesetzten Gewerbebetriebes abgeschlossen hat ZVG S. 303

Zwangsvollstreckung, Allgemeine Bestimmungen **ZPO 5 S. 1—154**
— wegen Geldforderungen in das bewegliche Vermögen **ZPO 5 S. 155—287**
— wegen Geldforderungen in das unbewegliche Vermögen **ZPO 5 S. 287—307**
— zur Erwirkung der Herausgabe von Sachen und zur Erwirkung von Handlungen oder Unterlassungen **ZPO 6 S. 1—46**
— in das unbewegliche Vermögen während der Dauer des Konkursverfahrens KO S. 7
— aus Zwangsvergleich KO S. 589
— gegen den Anfechtungsbeklagten durch den Konkursverwalter aus dem von einem Konkursgläubiger erstrittenen Urteil NebenG S. 17

— aus einem älteren Titel trotz Aufnahme einer Forderung in das berichtigte Gläubigerverzeichnis möglich? Widerspruch gegen solche — NebenG S. 154
—, Rechtsanwaltsgebühren für Vorbereitung der — NebenG S. 304
— siehe auch Ehefrau
Zwangsvormerkung, Anfechtung einer — auf dem Grundstück des Gemeinschuldners KO S. 194
Zwischenfeststellungsklage, Gegenstand der — ZPO 3 S. 37
—, Voraussetzungen ZPO 2 S. 286, 320
—, Zulässigkeit, wenn aus dem streitigen Rechtsverhältnis außer dem Hauptanspruch des Klägers noch ein anderer Anspruch besteht ZPO 2 S. 372
Zwischenfeststellungswiderklage, Zur Frage der Notwendigkeit der Beschwerdesumme bei der — zu einer vom Erfordernis der Beschwerdesumme befreiten Anfechtungsklage ZPO 2 S. 368
Zwischenspediteur siehe Spediteur
Zwischenurteil od. Teilurteil ZPO 3 S. 31
—, Rechtskraft eines —s über den Grund des Anspruchs und gänzliche Abweisung der Klage im Verfahren über den Betrag des Anspruchs ZPO 3 S. 88
— oder Teilurteil über den Prinzipalantrag, Rechtsmittel ZPO 3 S. 106
— über den Grund des Anspruches. Erteilung der Vollstreckungsklausel für Urteil über den Betrag vor Rechtskraft des —s ZPO 3 S. 121
— dem Grunde nach und Geldentwertung ZPO 3 S. 123
—, Erlaß eines —s über den Grund des Anspruchs bei Schadensersatzklage wegen Amtspflichtverletzung ZPO 3 S. 182
— über Aufnahme eines unterbrochenen Verfahrens ZPO 3 S. 319
—, Zulässigkeit der Restitutionsklage gegen ein — nach § 304 ZPO ZPO 4 S. 185
— über den Grund siehe auch Grundurteil und Vorabentscheidung

---

Berichtigung

Zivilprozeßordnung Teil 5

Seite VII: Statt 65, 376 . . . 43 muß es heißen:

65, 376 . . . 45

FSC
www.fsc.org
MIX
Papier | Fördert gute Waldnutzung
FSC® C083411

Kolibri 360 GmbH
Ferdinand-Jühlke-Straße 7
99095 Erfurt, Deutschland
produktsicherheit@kolibri360.de